高等职业教育机电类专业系列教材

AutoCAD 2016 机械绘图

主　编　年四甜　钱俊梅
参　编　孙　蕾　章云云
主　审　丁玉兴

机械工业出版社

本书是编者在总结从事 10 多年的机械制图和 AutoCAD 教学经验的基础上编写的。本书根据绘制机械图样的需要，结合学习机械制图的常规方法，以"软件功能＋应用案例"的方式由浅入深地组织编写内容，目的是使学生一步一步地掌握 AutoCAD 以便更好地提高学生的上机能力。

本书分为 20 个项目，主要内容包括 AutoCAD 2016 绘图环境及基本操作、图层创建及设置、二维图形的绘制及编辑、文字书写及尺寸标注、块的创建、零件图及装配图的绘制、图形输出、三维实体创建、实体编辑和三维渲染、经典题库、AutoCAD 绘图标准节选等。

本书配有学生上机练习，在每次练习前，学生应阅读上机练习的目的和要求，做到绘图前心中有数。

本书还配有电子课件，凡使用本书作教材的教师可登录机械工业出版社教育服务网（http://www.cmpedu.com），注册后免费下载。咨询电话：010-88379375。

本书可作为高职高专、中职院校机械类、机电类等专业的教材，也可作为相关 CAD 认证考试的参考资料。

图书在版编目（CIP）数据

AutoCAD2016机械绘图/年四甜，钱俊梅主编. —北京：机械工业出版社，2019.7（2024.6重印）
高等职业教育机电类专业系列教材
ISBN 978-7-111-62587-2

Ⅰ.①A… Ⅱ.①年… ②钱… Ⅲ.①机械制图-AutoCAD软件-高等职业教育-教材 Ⅳ.①TH126

中国版本图书馆CIP数据核字（2019）第086235号

机械工业出版社（北京市百万庄大街 22 号 邮政编码 100037）
策划编辑：王英杰 责任编辑：王英杰
责任校对：肖 琳 封面设计：张 静
责任印制：单爱军
北京虎彩文化传播有限公司印刷
2024 年 6 月第 1 版第 7 次印刷
184mm×260mm · 13.75 印张 · 339 千字
标准书号：ISBN 978-7-111-62587-2
定价：39.90 元

电话服务　　　　　　　　网络服务
客服电话：010-88361066　机　工　官　网：www.cmpbook.com
　　　　　010-88379833　机　工　官　博：weibo.com/cmp1952
　　　　　010-68326294　金　书　网：www.golden-book.com
封底无防伪标均为盗版　机工教育服务网：www.cmpedu.com

前言

教育部制定的高等职业教育工程制图课程教学基本要求明确指出："机械制图是高等职业学校工程类专业学生必修的一门主干技术基础课程，是一门实践性较强的课程，应注重强调实际应用及技能的培养。"

随着微型计算机的出现，运用图形软件进行计算机绘图，大大促进了图形学的发展，计算机绘图进入更加普及的新时期。过去，人们把工程图样作为表达零件形状、传递零件尺寸和制造的各种信息的唯一方法。现在，运用计算机绘图软件生成的实体模型，可以清晰而完整地描述零件的几何形状特征，并且可以利用实体模型直接生成该零件的工程图或数据代码，作为数控加工的依据，完成零件的工程分析和制造。手工绘图必将被计算机绘图取代，在生产中实现计算机辅助设计（CAD）、计算机辅助工艺（CAPP）和计算机辅助制造（CAM）一体化的无纸化生产。

AutoCAD 是通用的计算机辅助设计软件，在机械、建筑和电子等领域得到了广泛的应用。AutoCAD 是美国 Autodesk 公司在 20 世纪 80 年代初开发的一个交互式绘图软件，是用于二维及三维设计、绘图的系统工具，是目前世界上应用广泛的 CAD 软件。

本书在编写中采用现行国家制图标准，并很好地与机械制图课程新标准相结合。本书分为 4 篇。

第 1 篇是 AutoCAD 2016 二维绘图，包括 AutoCAD 2016 的基本知识，常用二维图形绘制、编辑、修改、尺寸标注、块的创建和块插入等命令的使用及操作技巧，零件图、装配图的识读与绘制以及图形输出等。

第 2 篇是 AutoCAD 2016 三维绘图，介绍三维建模和三维渲染。

第 3 篇是经典题库，包括平面图形题库、三维模型题库、全国 CAD 中心认证模拟试卷和全国 CAD/CAM 职业技能考试（一级）模拟样卷。

第 4 篇是 AutoCAD 绘图标准（节选）。

本书由年四甜、钱俊梅任主编，孙蕾、章云云参加编写。全书由丁玉兴主审。

由于编者水平所限，书中难免存在不足之处，敬请读者批评指正，以便修订时改进。

编　者

目录

第 2 篇   AutoCAD 2016 三维绘图

第 3 篇   经 典 题 库

第 4 篇   AutoCAD 绘图标准（节选）

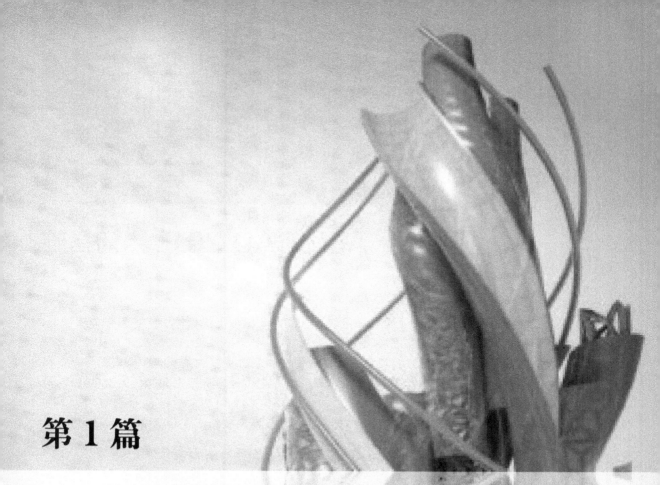

第1篇

AutoCAD 2016 二维绘图

项目 1

AutoCAD 2016 入门基础

AutoCAD 是 Autodesk 公司开发的通用计算机辅助绘图与设计软件包，它具有功能强大、易于掌握和使用方便等优点，广泛应用于建筑、机械、电子、服装、化工及室内装潢等工程设计领域，可以轻松地帮助用户实现数据设计、图形绘制、图形渲染及打印输出图样等多项功能，从而极大地提高了设计人员的工作效率。在目前的计算机绘图领域，AutoCAD 已经成为国际上广泛使用的绘图工具。

在本项目中，我们将熟悉 AutoCAD 的图形绘制与编辑功能，掌握 AutoCAD 2016 的工作界面及一些基本操作和图形绘制方法。

学习提要

- AutoCAD 2016 的界面组成
- 图形文件的操作
- 命令的执行
- 对象的选择
- 坐标的正确输入
- 使用"直线""多段线"命令绘制简单图形

任务 1.1　AutoCAD 2016 的启动

开机后双击桌面上的 AutoCAD 2016 快捷方式图标，或在"开始"菜单中选择"所有程序 → Autodesk → AutoCAD 2016-Simplified Chinese → AutoCAD 2016"，即可启动 AutoCAD 2016，进入 AutoCAD 2016 的用户主界面。

任务 1.2　AutoCAD 2016 的界面组成

AutoCAD S2016 为用户提供了"草图与注释""三维基础"以及"三维建模"三种工作空间，选择不同的工作空间可以进行不同的操作。要在三种工作空间之间进行切换，可在状态栏中单击"切换工作空间"按钮 ⚙ ▾，在下拉菜单中选择相应空间，如图 1-1 所示。

图 1-1　切换工作空间

1.2.1　二维草图与注释

AutoCAD 2016 默认的工作空间为"草图与注释"，其界面主要由应用程序按钮、快速访问工具栏、绘图区、功能区选项卡、命令行和状态栏等组成，如图 1-2 所示。在该空间中，可以方便地使用"默认"选项卡中的"绘图""修改""注释""图层""块"和"特性"等面板绘制和编辑二维图形。

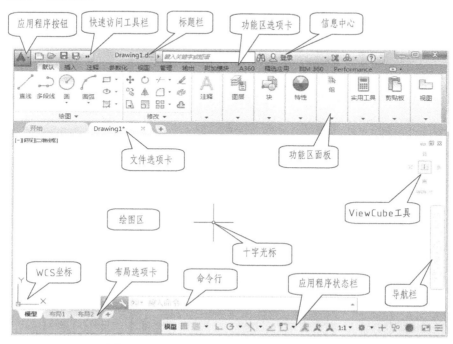

图 1-2　AutoCAD 2016 的"草图与注释"界面

1. 标题栏

标题栏位于工作界面最上方，它显示了系统正在运行的应用程序和用户正打开的图形文件信息。标题栏的右端有用于窗口"最小化"。"恢复窗口大小"及"关闭"的按钮。

2. 快速访问工具栏

快速访问工具栏位于标题栏的左侧，以按钮的形式表示各种功能，如图 1-3 所示。当用指针指向任一图标按钮并稍停片刻后，图标的右下角即显示出相应的命令，同时在窗口的命令行显示注释，便于确认命令。

图 1-3　快速访问工具栏

3. 菜单栏

在图 1-3 所示快速访问工具栏中单击 ▼ 按钮，调出菜单栏。菜单栏位于标题栏之下，由"文件""编辑""视图"和"插入"等菜单组成。单击菜单栏中的某一项，弹出相应的下拉菜单，用户可在下拉菜单中选择需要的命令进行操作，如图 1-4 所示。

注意：下拉菜单中，菜单项右侧有黑三角符号的，表示该菜单项有一级子菜单，将指针指向该菜单项，就可以弹出该菜单的一级子菜单；菜单项右侧有"…"符号的，表示选中该菜单项时会弹出一个对话框。

图 1-4　下拉菜单

4. 功能区

安装 AutoCAD 2016 后，功能区默认的界面为灰暗色，在绘图区中单击鼠标右键，打开快捷菜单，选择"选项"命令，打开"选项"对话框，选择"显示"选项卡，在窗口元素对应的"配色方案"中设置为"明"，如图 1-5 所示。单击"确定"按钮，退出对话框，功能区显示如图 1-6 所示。

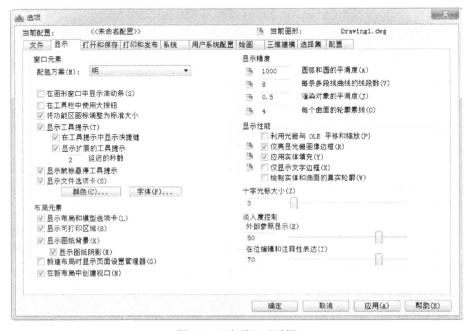

图 1-5　"选项"对话框

图 1-6　功能区

功能区是一种智能的人机交互界面，它将 AutoCAD 常用的命令进行分类，并分别放置于功能区各选项卡中，每个选项卡又包含若干个面板，面板中放置有相应的工具按钮。当操作不同的对象时，功能区会显示对应的选项卡，与当前操作无关的命令被隐藏，以方便用户快速选择相应的命令，从而将用户从烦琐的操作界面中解放出来。

注意：由于空间有限，有些面板的工具按钮未能全部显示，此时可以单击功能区面板底部的下拉按钮 ▼，以显示其他工具按钮。

5. 工具栏

工具栏是一组图标型工具的集合，其中每个图标都形象地显示出了该工具的作用。AutoCAD 2016 共有 50 余种工具栏，在"草图与注释"工作空间中，默认不显示工具栏，可通过下列方法显示所需工具栏。在菜单栏中选择"工具→工具栏→ AutoCAD"菜单项，在下级菜单中进行选择；或者在任意工具栏上单击鼠标右键，在弹出的快捷菜单中选择。绘图工具栏如图 1-7 所示。

图 1-7　绘图工具栏

6. 绘图区

绘图区位于屏幕中间，是用户绘制、编辑、显示图形对象的区域。绘图区实际上是无限大的，用户可以通过"缩放""平移"等命令来观察绘图区的图形。有时候为了增大绘图空间，可以根据需要关闭其他界面元素，如工具栏和选项板。

绘图区窗口左上角有三个快捷功能控件，用户利用它们可以快速地修改图形的视图方向和视觉样式。绘图区窗口右上角同样也有"最小化""恢复窗口大小"及"关闭"按钮，在AutoCAD 中同时打开多个文件时，可以通过这些按钮切换和关闭图形文件。

7. 命令行

命令行位于绘图窗口的底部，是输入命令和显示命令提示的区域。如图 1-8 所示，命令窗口中间有一条水平分界线，它将命令窗口分成两个部分：命令行和命令历史窗口。位于水平分界线下方的为命令行，它用于接受用户输入的命令，并显示 AutoCAD 提示信息。位于水平分界线上方的为命令历史窗口，它含

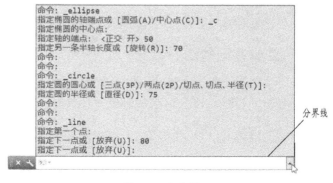

图 1-8　命令窗口

有用户启动 AutoCAD 后所用过的全部命令及提示信息，该窗口有垂直滚动条，用户可以通过上下滚动来查看以前用过的命令。

8. 坐标系与十字指针

在绘图区左下角有一个图标，它表示当前使用的坐标系及坐标方向，如图 1-9 所示。在绘图时，需要使用坐标系作为参照来精确定位绘图点。AutoCAD 中有两个坐标系，一个是被称为世界坐标系（WCS）的固定坐标系，一个是被称为用户坐标系（UCS）的可移动坐标系。默认情况下，这两个坐标系在新图形中是重合的。二维绘图一般是在默认的坐标系（WCS）中进行的，它包括 X 轴和 Y 轴，如果在 3D 空间工作则还有一个 Z 轴。当 Z 轴坐标为零时，XY 平面就是用户进行绘图的平面。

移动指针到绘图区时，出现一个十字形状的指针，十字线的交点就是指针的当前坐标位置，如图 1-9 所示。当指针位于绘图区的不同位置时，其形状也不同，以反映当前不同的操作。

9. 状态栏

状态栏位于屏幕下方，主要由 5 部分组成，如图 1-10 所示。AutoCAD 2016 对状态栏进行了简化，单击状态栏右侧的自定义按钮■，可在弹出的菜单中选择状态栏显示的内容。

图 1-9　坐标系与十字指针

图 1-10　状态栏

（1）快速查看工具　使用其中的工具可以快速地预览打开的图形，打开图形的模型空间与布局，以及在其中切换图形，使之以缩略图形形式显示在应用程序窗口的底部。

（2）坐标值　显示当前指针 X、Y、Z 的三维坐标值，移动指针，坐标值随之变化。

（3）绘图辅助工具　主要用于控制绘图的性能，其中包括栅格显示、捕捉模式、正交模式、极轴追踪、对象捕捉、对象捕捉追踪、动态输入、显示 / 隐藏线宽等工具。

（4）注释工具　用于显示缩放注释的若干工具。针对不同的模型空间和图纸空间，显示相应的工具。当图形状态栏打开时，其显示在绘图区域的底部；当图形状态栏关闭时，其移至应用程序状态栏。

（5）工作空间工具　用于切换 AutoCAD 2016 的工作空间，以及设置工作空间等操作。

1.2.2　三维基础空间

在"三维基础"空间中，用户能够非常简单方便地创建基本的三维模型，其功能区提供了各种常见的三维建模、布尔运算以及三维编辑工具按钮，其界面如图 1-11 所示。

1.2.3　三维建模

在进行三维设计时，还可以使用"三维建模"工作空间来绘图，界面如图 1-12 所示。其"功能区"选项板集中了三维建模、视觉样式、光源、材质、渲染和导航等面板，为绘制和观察三维图形、附加材质、创建动画、设置光源等操作提供了非常便利的环境。

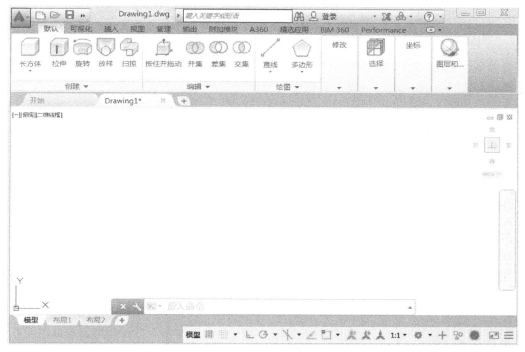

图 1-11　"三维基础"空间界面

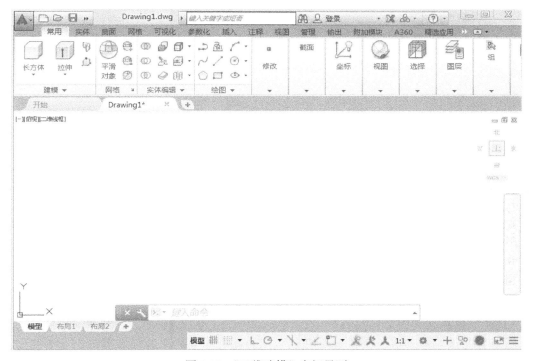

图 1-12　"三维建模"空间界面

任务 1.3 图形文件操作

1.3.1 创建新图形文件

使用 AutoCAD 2016 绘图时，首先要选择一张样板图作为创建基础，然后在此样板图上创建新图形文件。单击快速访问工具栏中的"新建"按钮，或选择"文件→新建"命令，或在命令行中输入"new"，按＜Enter＞键进行创建，都会弹出"选择样板"对话框，如图 1-13 所示。该对话框默认打开系统预设置的样板文件夹 Template，该文件夹中的每一个文件都是一个样板，可供多次调用。在样板文件列表框中选中某一个样板文件，单击"打开"按钮即可。如果采用用户预设的样板文件，可选择"acadiso"选项，新建文件的默认状态。

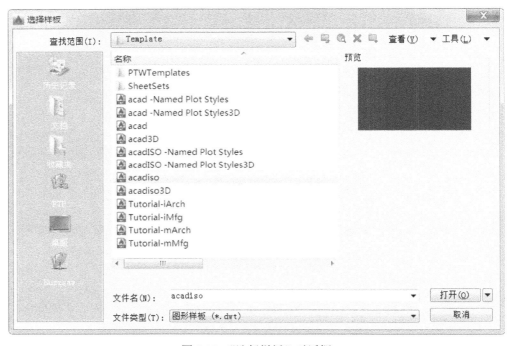

图 1-13 "选择样板"对话框

1.3.2 保存图形文件

对图形文件进行编辑后，需要将该图形文件赋名并保存。在使用 AutoCAD 2016 绘图时，应每隔一段时间就保存绘制的图形，以防止电源被切断、错误编辑等情况发生时丢失图形及其数据。

保存图形文件的操作方法：选择"文件→保存"命令；单击快速访问工具栏中的"保存"按钮；在命令行中输入"Qsave"，按＜Enter＞键。

"文件"菜单或快速访问工具栏中的"保存"按钮为"Qsave"。如果图形未命名，将弹出"图形另存为"对话框，如图 1-14 所示，用户需输入文件名并保存图形。如果图形已命名，则以当前的文件名存储文件。

图 1-14　"图形另存为"对话框

1.3.3　打开图形文件

打开图形文件的操作方法：选择"文件→打开"命令；单击快速访问工具栏中的"打开"按钮 ；在命令行中输入"Open"，按 < Enter > 键进行创建，都会弹出"选择文件"对话框，如图 1-15 所示，选择要打开的文件，单击"打开"按钮即可。

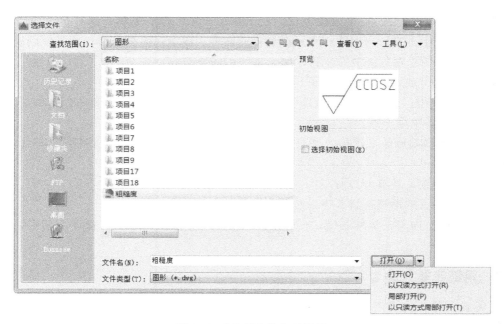

图 1-15　"选择文件"对话框

注意：单击"打开"按钮旁边的下三角按钮，显示图形文件的打开方式有"打开""以只读方式打开""局部打开"和"以只读方式局部打开"四种。当以"打开"和"局部打开"的方式打开图形时，可以对打开的图形文件进行编辑；当以"以只读方式打开"和"以只读方式局部打开"的方式打开图形时，无法对打开的图形文件进行编辑。

1.3.4 另存为图形文件

当编辑完打开的图形后，用户可以以源文件名保存（覆盖源文件）或另存该图形文件（保存文件的副本）。

另存为图形文件的操作方法：选择"文件→另存为"命令；在命令行中输入"Save as"，按＜ Enter ＞键。

1.3.5 关闭图形文件

关闭图形文件的操作方法：选择"文件→关闭"命令；单击文件窗口右上角的"关闭"按钮 ✖ ；在命令行中输入"Close"，按＜ Enter ＞键。

退出程序的操作方法：选择"文件→退出"命令；单击"关闭"按钮 ✖ ；在命令行中输入"Quit"，按＜ Enter ＞键。

任务 1.4 命令的使用

1.4.1 用鼠标绘制图形

鼠标是最常用的交互设备。在绘图窗口，指针通常显示为十字形式。

双键鼠标的功能是：左键是拾取键，用于指定位置、指定编辑对象和执行命令等；右键的操作取决于上下文，可用于结束正在进行的命令、显示快捷菜单等；通过转动或按下鼠标滚轮，可以对图形进行缩放和平移，而无须使用任何命令。

用鼠标绘制一条直线，步骤如下：

1）单击"绘图"面板中的"直线"按钮 ✎ ，执行"直线"命令。命令行显示如下：

命令：line 指定第一点：

2）将指针移动到绘图区中，在任一位置单击，即指定该点为直线的第一端点。此时，命令行显示如下：

指定下一点或 [放弃（U）]：

继续在绘图区的适当位置单击，选择直线另一端的位置。

3）在绘图区内单击鼠标右键，在弹出的快捷菜单中选择"确认"命令，结束绘制直线的命令。

1.4.2 用键盘输入命令

用键盘可输入文本内容、点的坐标、数值及各种参数；也可通过按单一功能键或组合键，执行该快捷键所代表的命令。

利用键盘输入命令与参数，根据已知的三点坐标绘制圆，操作步骤如下：

1）通过键盘在命令行中输入命令"Circle"或命令别名"C"，按＜ Enter ＞键。

2）输入"3P"，按＜ Enter ＞键，表示选择"三点"方式来绘制圆。

3）根据命令行提示，依次输入已知三点的坐标值后，命令自动结束，并返回命令输入行。

1.4.3　命令的终止

在执行命令的过程中，可以随时按＜ Esc ＞键终止执行任何命令。

1.4.4　重复上一个命令的输入

在无命令的状态下，要输入上一个命令，可以按＜ Enter ＞键、空格键；或单击鼠标右键，在弹出的快捷菜单中选择重复该命令。

任务 1.5　选择对象

1.5.1　逐个点取

将指针移动到需要选择的对象上，对象变成灰色，单击该对象即可将其选中。逐个点取法既可以选择一个对象，也可以选择多个对象。若不小心选择了不该选择的对象，按住＜ Shift ＞键并再次选择该对象，即可将其从当前选择集中删除。

1.5.2　矩形区域选择

矩形区域选择是通过指定对角点定义矩形区域，区域背景的颜色将变成透明的其他色。根据操作方法不同，矩形区域选择可分为窗口选择与交叉选择。

（1）窗口选择　从左向右拖动指针，仅选中完全位于矩形区域内的对象。

（2）交叉选择　从右向左拖动指针，选中矩形窗口包围的或相交的对象。

任务 1.6　坐标的表示方法

在绘图过程中，可以采用两种方法确定点的位置，即"鼠标取点"和"键盘输入"，键盘输入必须以点坐标的形式给出。坐标分为绝对坐标和相对坐标，可以采用以下常用的输入方法。

1.6.1　绝对直角坐标的输入

在二维平面上绘图，需知道点在当前坐标系中的 X、Y 坐标值。可以采用绝对直角坐标输入，坐标之间用逗号隔开。格式：X, Y。

【例 1-1】　执行"直线"命令后，分步输入：0，0 ↙ → 420，0 ↙，便从坐标原点开始向右画一条长 420mm 的水平线。

1.6.2　相对直角坐标的输入

如果知道某点相对于前一点的位置关系，就可以采用输入相对直角坐标方式来确定点的位置。在输入相对直角坐标时，需要在前面加一个"@"符号，指该点相对前一坐标点，再输入 X、Y 坐标增量。沿 X、Y 轴正方向增量为正，反之为负。格式：@ΔX，ΔY。

【例1-2】 若要从起点坐标（420，0）开始画一条长297mm的垂直线，应在执行"直线"命令后分步输入：420，0 ✓ → @0，297 ✓。

注意：相对坐标是基于上一输入点的，如果知道某点与前一点的位置关系，可以使用相对坐标；如果坐标输入在动态输入中进行，第二点坐标默认是相对坐标，就没有必要加"@"符号了。

1.6.3 相对极坐标输入

相对极坐标指下一点相对前一点连线的长度及连线与零角度方向的夹角。相对极坐标以数字代表距离，用角度代表方向来确定点的位置，距离和角度之间用"＜"符号分开。默认零角度方向与 X 轴正方向一致，按逆时针方向增大。如果距离为正，则代表与坐标轴正方向相同，为负则代表与坐标轴正方向相反。若向顺时针方向移动，则在角度值前加负号。格式：@ 距离 ＜ 角度。

【例1-3】 执行"直线"命令后分步输入：0，0 ✓ → @120<45 ✓，便从坐标原点开始向右上方画一条长 120 mm 且与水平线成 45° 的斜线。

1.6.4 绘制平面图形实例

平面图形如图 1-16 所示。

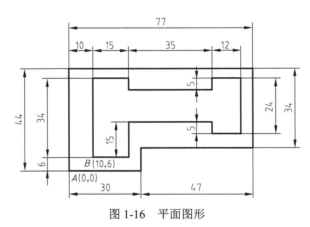

图 1-16 平面图形

1）创建一个新图形文件。

2）执行"多段线"命令。

单击"绘图"面板中的"多段线"按钮 后分步输入：0,0（A 点坐标）并按＜ Enter ＞键，命令行提示如下：

指定下一点或［圆弧（A）/ 半宽（H）/ 长度（L）/ 放弃（U）/ 宽度（W）］：

输入"W"（此时线宽默认值为0），按＜ Enter ＞键，命令行及输入提示如下：

指定起点宽度：1 ✓

指定端点宽度＜ 1 ＞：1 ✓ → @0，44 ✓ → @77，0 ✓ → @0，−34 ✓ → @−47，0 ✓ → @

0，−10 ✓ → C（闭合）✓。

单击"多段线"按钮 ⤵ 后分步输入：10，6（B 点坐标）✓ → 0，34 ✓ → 15，0 ✓ → 0，−5 ✓ → 35，0 ✓ → 0，5 ✓ → 12，0 ✓ → 0，−24 ✓ → −12，0 ✓ → 0，5 ✓ → −35，0 ✓ → 0，−15 ✓ → C（闭合）✓。

任务 1.7　绘图时的几个常用命令

在学习的初始阶段，练习时可能会出现一些常见错误。如果事先掌握了处理错误的方法，将有利于提高绘图速度。例如，当图形画错时，可以用删除命令从图中删除对象；若对象被删除错了，还可以用恢复命令恢复上一次所删除的对象等。下面是一些常用命令。

1.7.1　删除命令

"删除"命令的操作方法：选择"修改→删除"命令；单击工具栏中的"删除"按钮 ✐；在命令行中输入"Erase"，按＜Enter＞键。

采用上述任何一种方法，用拾取靶选择要删除的对象（若要删除的对象较多，可用窗口方式选中），再单击鼠标右键（或按＜Enter＞键），便可删除所要删除的对象。

1.7.2　放弃命令

"放弃"命令的操作方法：选择菜单栏中的"编辑→放弃"命令；单击快速访问工具栏中的"放弃"按钮 ⟲；在命令行中输入"Redo"，按＜Enter＞键。采用上述任何一种方法，都可以恢复被删除的对象。

1.7.3　重做命令

"重做"命令的操作方法：选择菜单栏中的"编辑→重做"命令；单击快速访问工具栏中的"重做"按钮 ⟳；在命令行中输入"Undo"，按＜Enter＞键。采用上述任何一种方法，都可重做刚用"放弃"命令所放弃的命令操作。

1.7.4　剪切命令

"剪切"命令的操作方法：选择菜单栏中的"编辑→剪切"命令；在命令行中输入"Cutclip"，按＜Enter＞键。采用上述任何一种方法，都可将选中对象剪切到剪切板并从图中删除此对象。

1.7.5　粘贴命令

"粘贴"命令的操作方法：选择菜单栏"编辑→粘贴"命令；在命令行中输入"Pasteclip"，按＜Enter＞键。采用上述任何一种方法，都可将对象从剪切板粘贴到绘图区的指定位置。

1.7.6　自动存储间隔时间的设置

在绘图时，往往会忘记定时保存图形文件。为此，AutoCAD 2016 提供了一个"SAVETIME"

的系统变量，可根据用户给定的时间，自动定时存储文件。选择菜单栏中的"工具→选项"命令，弹出"选项"对话框，选择"打开和保存"选项卡，如图 1-17 所示。

在"文件安全措施"选项区域勾选"自动保存"选项并在文本框中输入保存间隔分钟数，单击"确定"按钮，即完成设置。

图 1-17 "打开和保存"选项卡

任务 1.8　上机练习

1.8.1　练习目的

1）熟悉 AutoCAD 2016 界面内容及系统启动、关闭和文件存储等操作方法。

2）掌握直线命令、多段线命令的操作方法。

3）掌握点的坐标输入方法。

1.8.2　练习要求

（1）绘制图 1-18 所示的三视图（图号 01，A3 图幅横放 420mm×297mm）。

（2）布图均匀，不标尺寸，不画标题栏。

1.8.3　绘图方法和步骤

1）创建一个新图形文件，选择"视图→缩放→全部"命令，使幅面全屏显示。

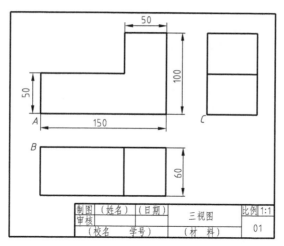

图 1-18　三视图

2）绘制 A3 图幅边界线（细实线）。单击"绘图"工具栏中的"直线"按钮，输入直线的起点坐标：0，0 ↙→ 420，0 ↙→ 0，297 ↙→ −420，0 ↙→ C ↙。

3）绘制图框线（粗实线）。单击"多段线"按钮后分步输入：10，10 ↙→ W ↙→ 1 ↙→ 1 ↙→ 400，0 ↙→ 0，277 ↙→ −400，0 ↙→ C ↙ 其中，（10，10）为起点坐标。

4）绘制主视图。单击"多段线"按钮→输入 A 点坐标：50，150 ↙→ 150，0 ↙→ 0，100 ↙→ −50，0 ↙→ 0，−50 ↙→ −100，0 ↙→ C ↙。

5）绘制俯视图。单击"多段线"按钮，输入 B 点坐标：50，100 ↙→ 150，0 ↙→ 0，−60 ↙→ −150，0 ↙→ C ↙。单击"多段线"按钮，输入起点坐标：150，100 ↙→ 0，−60 ↙。

6）绘制左视图。单击"多段线"按钮，输入 C 点坐标：300，150 ↙→ 60，0 ↙→ 0，100 ↙→ −60，0 ↙→ C ↙。单击"多段线"按钮，输入起点坐标：300，200 ↙→ 60，0 ↙。

项目 2

精确绘图基础

在手工绘图时，绘图前要具备绘图的基本知识，如熟练使用绘图工具，掌握必要的绘图技巧等。利用 AutoCAD 2016 绘制图形时，同样要掌握绘制图形的基础知识。辅助工具有利于用户实现 AutoCAD 2016 快速绘图，提高工作效率。工程图样都是精确绘制出来的，要通过辅助绘图工具来精确绘图，就必须了解有关精确绘图的设置。

学习提要
- 正交模式应用
- 自动捕捉设置
- 对象捕捉追踪设置

任务 2.1 捕捉和栅格

AutoCAD 2016 的栅格是用于标定位置的网格，通常在绘图前打开，相当于坐标纸，栅格布满图形界限之内，能更加直观地显示图形界限的大小。栅格点的值根据绘图的需要来定，一般设置成 10mm，间隔不宜过小，否则会因栅格过密而无法显示。使用捕捉可以限定指针的位置，指针总是停留在栅格的点上，可以精确地捕捉到栅格上的点。

操作方法：选择菜单栏中的"工具→绘图设置"命令，弹出"草图设置"对话框，选择"捕捉和栅格"选项卡，勾选"启用捕捉"和"启用栅格"复选框，并设置其参数，如图 2-1 所示。

通常情况下，单击状态栏中的"捕捉"按钮和"栅格"按钮，即可对其进行打开或关闭操作。

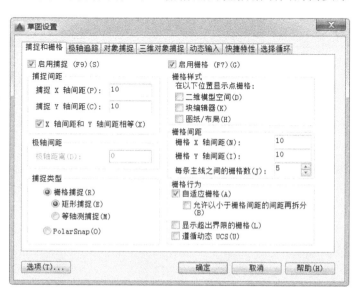

图 2-1 "捕捉和栅格"选项卡

任务 2.2　正 交 模 式

启用正交模式时，指针被限制在水平或垂直方向移动，所绘制的线段只能是水平线或垂直线，这样可以根据直线的长度轻易地绘制出与 X 轴或 Y 轴平行的线段。启用正交模式只需单击状态栏中的"正交"按钮即可。

任务 2.3　对 象 捕 捉

在绘制图形时，很难通过指针来精确地指定到某一点，如果使用相关的辅助工具，就能很轻松地处理好这些细节的操作。对象捕捉是 AutoCAD 2016 中用于精确定点位的工具，使用对象捕捉功能可指定对象上的精确位置，如圆心、中点和切点等。对象捕捉方式包括临时捕捉和自动捕捉两种。

2.3.1　临时捕捉

在菜单栏中选择"工具→工具栏→AutoCAD"，在下级菜单中选择"对象捕捉"，打开"对象捕捉"工具栏，如图 2-2 所示。或者同时按住＜ Shift ＞键和鼠标右键，此时系统弹出临时捕捉快捷菜单。利用"对象捕捉"工具栏可以实现对对象的单一捕捉。

图 2-2　"对象捕捉"工具栏

"对象捕捉"工具栏中常用按钮功能说明如下：

1）"临时追踪点"按钮 ⊶：创建对象捕捉所使用的临时点。

2）"捕捉自"按钮 ⌐：从临时参考点偏移到所要捕捉的位置。

3）"捕捉到端点"按钮 ✗：捕捉直线段或圆弧等对象的最近端点。

4）"捕捉到中点"按钮 ✗：捕捉直线段或圆弧等对象的中点。

5）"捕捉到交点"按钮 ✕：捕捉直线段、圆弧、圆等对象之间的交点。

6）"捕捉到延长线"按钮 ⋯：捕捉直线或圆弧的延长线。

7）"捕捉到圆心"按钮 ◎：捕捉圆或圆弧的圆心。

8）"捕捉到象限点"按钮 ◈：捕捉圆或圆弧的象限点。

9）"捕捉到切点"按钮 ♁：捕捉圆或圆弧的切点。

10）"捕捉到垂足"按钮 ⊥：捕捉垂直于线段上的点。

11）"捕捉到平行线"按钮 ∥：捕捉与指定线平行的线上的点。

12）"捕捉到插入点"按钮 ⊡：捕捉块、图形、文字或属性的插入点。

13）"捕捉到节点"按钮 ∘：捕捉由"Point"等命令绘制的点。

14）"捕捉到最近点"按钮 ⋌：捕捉直线、圆弧、圆等对象上最靠近指针方框中心的点。

15）"对象捕捉设置"按钮 ∏：设置自动捕捉模式。

【例 2-1】利用临时捕捉，绘制图 2-3 所示的图形。

1）新建一个图形文件。

2）启用对象捕捉模式，选择"直线"命令，绘制下部的多边形。

3）选择"直线"命令，单击"临时追踪点"按钮，追踪点分别为 A 点（捕捉中点）和 B 点（捕捉端点），输入追踪距离，启用正交模式，绘制相互垂直的两条中心线。

4）选择"圆"命令，选择"圆心和直径"方式，捕捉中心线交点为圆心画圆。

5）选择"直线"命令，分别捕捉端点和切点来绘制两条切线。

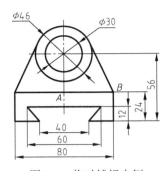

图 2-3　临时捕捉实例

临时捕捉是一种一次性的捕捉模式，当用户需要临时捕捉某个特征点时，应首先手动设置需要捕捉的特征点，然后进行对象捕捉。这种设置是一次性的，不能反复使用，在下一次遇到相同的对象捕捉点时，需要再次设置。

2.3.2　自动捕捉

在 AutoCAD 2016 中，使用最方便的捕捉模式是自动捕捉，即事先设置好一些捕捉模式，当指针移到符合捕捉模式的对象上时显示相应的标记和提示，实现自动捕捉。这样就不需要再输入命令或选取工具按钮，大大提高了绘图效率。

操作方法：在状态栏中，单击"对象捕捉"按钮的下拉按钮，在弹出的快捷菜单中选择"对象捕捉设置"命令；选择菜单栏中的"工具→绘图设置"命令，在弹出的"草图设置"对话框中选择"对象捕捉"选项卡。在"对象捕捉"选项卡中，勾选"启用对象捕捉"复选框，在"对象捕捉模式"选项区域中可选择捕捉项，如图 2-4 所示。

注意：可选择启用常用的捕捉模式，不要设置过多的捕捉项，否则会相互干扰。

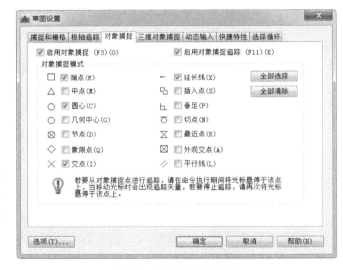

图 2-4　自动捕捉的设置

任务 2.4　自 动 追 踪

自动追踪功能是常用的绘图辅助工具，使用它可以指定角度绘制对象，或绘制与其他对象有特定关系的对象，使绘图更加精确。自动追踪功能包括极轴追踪和对象捕捉追踪两种模式。

2.4.1　极轴追踪

使用极轴追踪模式可以在创建或修改对象时，控制沿指定的极轴角度和极轴距离取点，并显示追踪的路径。

操作方法：单击状态栏中"极轴追踪"按钮 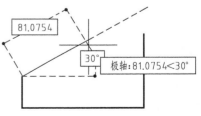 的下拉按钮，在弹出的快捷菜单中选择"正在追踪设置"命令；选择菜单栏中的"工具→绘图设置"命令，在弹出的"草图设置"对话框中选择"极轴追踪"选项卡，如图 2-5 所示。

图 2-5　"极轴追踪"选项卡

1）在"极轴追踪"选项卡中，勾选"启用极轴追踪"复选框，表示打开极轴追踪。

2）在"极轴角设置"选项区域中，"增量角"下拉列表框用来设置显示极轴追踪对齐路径的极轴增量，可以输入任何角度，也可以从下拉列表框中选择常用的角度。

注意：正交模式和极轴追踪不能同时被启用，启用极轴追踪将自动关闭正交模式，极轴追踪往往与自动捕捉配合使用。

2.4.2　对象捕捉追踪

对象捕捉追踪是指从对象的捕捉点进行追踪，即沿着基于对象捕捉点的追踪路径进行追踪，它必须与对象捕捉一起使用。

操作方法：在状态栏中用鼠标右键单击"对象追踪"按钮 ，在弹出的快捷菜单中选择"对象捕捉追踪设置"命令，在弹出的对话框中进行设置。

【例 2-2】　利用捕捉和追踪功能绘制三视图，如图 2-6 ～图 2-8 所示。

1）在状态栏中单击"极轴""对象捕捉""对象追

图 2-6　绘制主视图

踪"按钮，选择"直线"命令，绘制主视图。对于倾角为30°的斜线，设置极轴追踪增量角为30°，移动指针至显示30°（图2-6）时，输入线段长度后按< Enter >键。

2）用"高平齐"方式绘制左视图。绘图时，先把指针移动到主视图中相对应的点上，然后向右移动指针，会出现一条虚线（图2-7），利用这条辅助线，可以轻易地绘制出左视图。同样，利用"长对正"方式绘制俯视图，如图2-8所示。

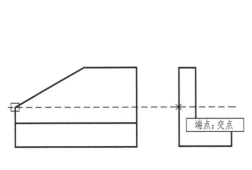

图 2-7　绘制左视图

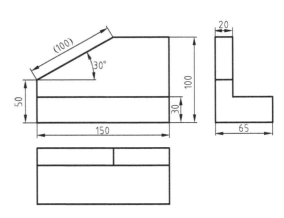

图 2-8　绘制俯视图

任务 2.5　动 态 输 入

动态输入是AutoCAD 2016新增的功能，它使绘图更方便、快捷。使用动态输入可以在工具栏提示中输入坐标值，而不必在命令行中进行输入。指针旁边显示的提示信息将随着指针的移动而动态更新。

操作方法：单击状态栏中的"极轴追踪"按钮⊙ ▼的下拉按钮，在弹出的快捷菜单中选择"正在追踪设置"命令；选择菜单栏中的"工具→绘图设置"命令，在弹出的"草图设置"对话框中选择"动态输入"选项卡，如图2-9所示。

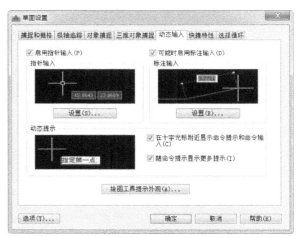

图 2-9　"动态输入"选项卡

2.5.1　指针输入

启用指针模式后，在绘图区域移动指针时，指针处将显示坐标值。可以输入坐标值，并按< Tab >键切换到下一个工具栏提示，输入下一坐标值。在指定点时，第一个坐标是绝对坐标，第二个坐标和后续点的默认设置为相对坐标，不需要输入"@"符号。如果需要输入绝对值，则需要加上前缀符号"#"。使用指针输入设置可修改坐标的默认格式，在"动态输入"选项卡中，勾选"启用指针输入"复选框，单击"指针输入"选项区的"设置"按钮，可打开"指针输入设置"对话框，如图2-10所示。

2.5.2　标注输入

启用标注输入模式后，当在命令行输入第二个点时，工具栏显示距离和角度值。工具栏提示中的值随着指针移动而改变。按＜Tab＞键可以移动到要更改的值。使用标注输入可以设置显示希望看到的信息，在"动态输入"选项卡中，勾选"可能时启用标注输入"复选框，单击"标注输入"选项区的"设置"按钮，可打开"标注输入的设置"对话框，如图2-11所示。

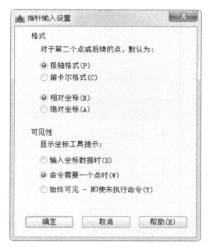

图 2-10　"指针输入设置"对话框

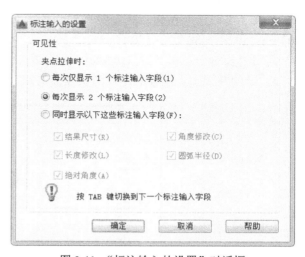

图 2-11　"标注输入的设置"对话框

任务 2.6　上 机 练 习

2.6.1　练习目的

1）掌握直线命令、多段线命令的操作方法。

2）掌握点的输入方法。

3）掌握使用对象捕捉命令精确定点位的操作方法。

2.6.2　练习要求

1）绘制图2-12所示的平面立体三视图（图号02，A3图幅横放）。

2）布图均匀，不标尺寸，不画标题栏。

2.6.3　绘图方法和步骤

1）创建一个新图形文件。选择"视图→缩放→全部"命令，使幅面全屏显示。

2）绘制A3图幅边界线（细实线）。启用"对象捕捉""极轴""对象追踪"模式，利用鼠标控制线段的方向，直接输入线段的长度即可。

单击"绘图"工具栏中的"直线"按钮，依次输入：0，0 ✓ → 420 ✓ → 297 ✓ → 420 ✓ → C ✓。

3）绘制图框线（粗实线）。单击"多段线"按钮 ，后分步输入：10，10（起点坐标）↙→W↙→1↙→1↙→400↙→277↙→−400↙→C↙。

4）绘制主视图。单击"多段线"按钮 ，依次输入：50，150↙→150↙→50↙→70.7（设置极轴追踪增量角为45°，移动指针至显示135°时，输入线段长度）↙→50↙→70.7（极轴显示225°时，输入长度）↙→C↙。

5）绘制俯视图。利用对象捕捉追踪功能绘制俯视图。绘图时，先把指针移动到主视图中相对应的点上，然后向下移动指针，会出现一条辅助线，可以轻易地绘制出俯视图。

单击"多线段"按钮 ，选择临时追踪点 A，依次输入：50↙（即输入 C 点坐标：50，100）→150↙→50↙→150↙→C↙。

利用"长对正"和"对象捕捉追踪"方式完成俯视图绘制。

6）绘制左视图。同样利用"对象捕捉追踪"和"高平齐"方式绘制左视图。

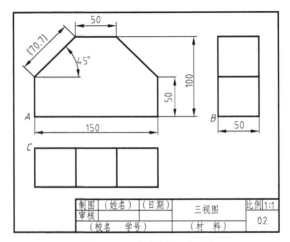

图 2-12 平面立体三视图

项目 3

图形显示控制

图形显示是绘制图样过程中使用频繁的一组命令。图形显示命令能够控制图形的显示大小，方便用户观察绘图区。图形显示命令只对图形的观察起作用，不影响图形的实际位置和尺寸。

学习提要

- 视图的缩放
- 视图的平移
- 平铺视图

任务 3.1 缩 放 视 图

图形的显示与缩放命令类似于照相机的可变焦距镜头，可以通过放大和缩小操作改变视图的显示比例，既能观察较大的图形范围，又能观察图形的细节。此操作不改变图形中对象的实际大小，只改变图形在屏幕上的显示效果。

操作方法：在菜单栏中选择"工具→工具栏→AutoCAD"，在下级菜单中选择"缩放"命令，打开"缩放"工具栏，如图 3-1 所示；在菜单栏中选择"视图→缩放"命令，弹出"缩放"子菜单，如图 3-2 所示。

实时(R)
上一个(P)
窗口(W)
动态(D)
比例(S)
圆心(C)
对象

放大(I)
缩小(O)

全部(A)
范围(E)

图 3-1 "缩放"工具栏 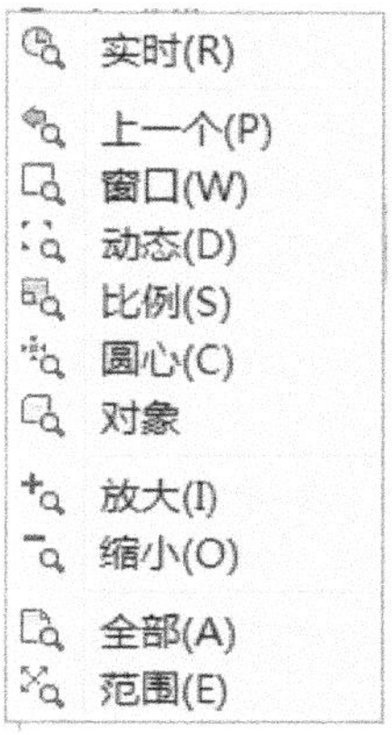   图 3-2 "缩放"子菜单

1）"实时"按钮🔍：单击此按钮，按住鼠标左键向上拖动即可放大图形，向下拖动即可缩小图形。

2）"上一个"按钮🔍：单击此按钮，将会恢复到上一视图显示，最多可恢复此前的 10 个视图。

3）"窗口"按钮🔍：单击此按钮后，用两角点确定矩形区域，或用指针拖出一个矩形区域作为窗口，窗口内的图形将全屏显示。

4）"动态"按钮🔍：单击此按钮后，可缩放显示在视图框中的部分图形。比较方便的操作是通过滚动鼠标的滚轮实现动态缩放。

5）"比例"按钮🔍：单击此按钮，输入比例后按< Enter >键，即可使图形按比例因子进行缩放。

6）"圆心"按钮🔍：单击此按钮，输入中心和比例，以指定点为中心，整个图形按指定的比例缩放，这个点在缩放操作完成之后成为新视图的中心点。

7）"放大"按钮⁺🔍：单击此按钮，整个图形被放大，默认的比例因子值为 2。

8）"缩小"按钮⁻🔍：单击此按钮，整个图形被缩小，默认的比例因子值为 0.5。

9）"全部"按钮🔍：单击此按钮，可以把绘图区内的所有图形全部显示出来。在平面视图中，它以图形界限和当前图形范围为显示边界，具体情况下，哪个范围大就将其作为显示边界。

10）"范围"按钮🔍：单击此按钮，所有图形对象在绘图窗口中尽可能大地被显示。

任务 3.2　平移视图

平移视图不改变图形中对象的位置，只改变视图在绘图区的位置，以方便用户观察图形的其他部分。

操作方法：在菜单栏中选择"视图→平移"命令，在弹出的子菜单中选择相应的命令；单击导航栏中的"实时平移"按钮✋，实时平移时指针变成了一只小手，按住鼠标左键并拖动，绘图窗口中的图形就会随着指针的移动而移动。

任务 3.3　平铺视图

在绘图时，常常需要同时观察图形的不同部分，仅仅使用一个绘图视口显得不太方便。利用 AutoCAD 2016 视口功能，可以将绘图窗口分为若干视口。图 3-3 所示为将绘图窗口分为三个视口。

操作方法：

1）打开要显示的图形。

2）选择"视图→视口→新建视口"命令，弹出"视口"对话框，如图 3-4 所示。

3）在"标准视口"列表框中选择相应的分割视口方式。

4）在"应用于"下拉列表框中选择适用的图形。

5）设置完毕后单击"确定"按钮。

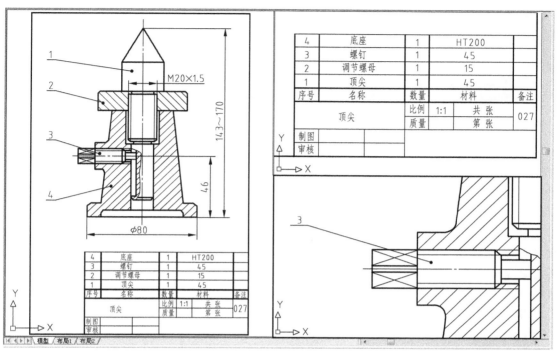

图 3-3　例图

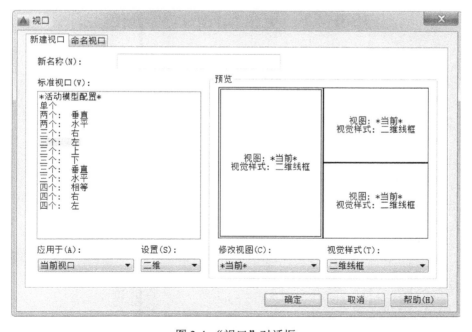

图 3-4　"视口"对话框

项目 4

绘图环境的设置

要提高绘图速度和质量，必须有一个合理的、适合自己绘图习惯的参数配置。绘制一张机械图样需要确定图幅，并对所画图样的线型、线宽等要素进行设置。关于图纸幅面尺寸、各种线型的应用，可根据机械制图国家标准有关规定确定。下面介绍 AutoCAD 2016 绘图环境的设置方法。

学习提要
- 设置图形界限
- 设置图层
- 修改对象特性

任务 4.1　更改绘图的背景颜色

在默认情况下，AutoCAD 2016 绘图区的背景颜色为黑色，由于用户一般习惯在白纸上绘制工程图，因此，可通过"选项"对话框来改变绘图区的背景颜色。选择"工具→选项"命令，弹出"选项"对话框，选择"显示"选项卡，单击"颜色"按钮，弹出"图形窗口颜色"对话框，如图 4-1 所示。在"颜色"下拉列表框中选择要使用的颜色，这里选择"白"，单击"应用并关闭"按钮，完成绘图区背景颜色的设置。单击"确定"按钮，关闭"选项"对话框。

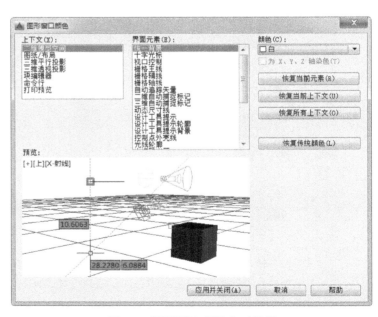

图 4-1　"图形窗口颜色"对话框

任务 4.2　设置图形界限

为了使绘制的图形不超过用户工作区域，在绘图之前，需要设置图形界限以标明边界。在此之前，需要启动状态栏中的"栅格"功能，只有这样才能清楚地查看图形界限的设置效果。栅格所显示的区域即是用户设置的图形界限区域。

4.2.1　图形界限的计算方法

图形界限取决于所绘图形的尺寸范围、图形四周的说明文字和图形的比例。在一般情况下，按 1 ∶ 1 绘图。当要采用放大或缩小的比例绘图时，则要根据所选择的比例和图幅的大小来计算图形界限。

如果采用缩小的比例绘图，应将所选输出图形的图幅尺寸乘以缩小的倍数，而绘图时仍按 1 ∶ 1 绘制。例如，一张图用 1 ∶ 2 的比例绘制在 A3（420mm×297mm）图幅上，其图形界限的长为 420mm×2，宽为 297mm×2。在输出图形时，要设置相应的比例系数为 1 ∶ 2，图幅为 A3（具体操作见图形输出内容）。

4.2.2　图形界限设置的操作方法

选择"格式→图形界限"命令。以 A4 图幅竖放（210mm×297mm）为例，命令行提示如下：

命令：Limits

重新设置模型空间界限：

指定左下角点或［开（ON）/关（OFF）］＜ 0.0000，0.0000 ＞:0，0 ↙（输入左下角点坐标）

指定右上角点＜ 420.0000，297.0000 ＞:210，297 ↙（输入右上角点坐标）

选择"视图→缩放→全部"命令，把幅面全屏显示。此时，如果栅格功能关闭，屏幕上不会显示图幅的范围，可单击状态栏中的"栅格"按钮，出现由栅格点显示的图幅范围，检查所设置的图形边界是否正确。

AutoCAD 2016 默认在绘图界限外也显示栅格，如果只需要在绘图界限内显示栅格，在命令行输入"DSETTINGS"（草图设置）命令并按＜ Enter ＞键，或者把指针移到状态栏中的"栅格"图标上，单击鼠标右键，选择"网格设置"，打开"草图设置"对话框，在"捕捉和栅格"选项卡中取消勾选"显示超出界限的栅格"复选框，如图 4-2 所示。

图 4-2　栅格设置

任务 4.3 设置图层

图层是 AutoCAD 组织图形的工具，AutoCAD 的图形对象必须绘制在某个图层上，它可以是系统默认的图层，也可以是用户自己创建的图层。利用图层的特点，如颜色、线型、线宽等，可以非常方便地区分不同的图形对象。

图层相当于绘图中使用的**重叠图纸**，可以把它们想象成透明的没有厚度的薄片，各图层都有相同的坐标系、图层界限和显示缩放倍数。在绘制零件图时，把图线的线型、线宽及颜色不同的图形对象放在不同的图层中。例如，将中心线、虚线和粗实线置于不同的图层上绘制，这样不同的图线由不同的图层来控制。在绘制复杂的图形时，可以单独对所需要修改的图层进行修改，且不影响其他的图层。控制好图层的显示，可帮助用户更轻松地绘图。

一般机械工程图样至少需要 5 个层，见表 4-1，每一层上指定一种颜色、线型、线宽，不同性质的线应该有粗细之分，根据现行国家标准规定，只取相邻两个档次的线宽比例，粗线宽是细线宽的 2 倍。

表 4-1 图层的设置

层名	颜色	线型	线宽 /mm	用 途
粗实线	白色	连续线	0.5	可见轮廓线、相贯线和螺纹牙顶线等
细实线	红色	连续线	0.25	剖面线、螺纹细实线、波浪线和标题栏等
中心线	青色	中心线	0.25	轴线、对称中心线和分度圆（线）等
虚线	黄色	虚线	0.25	不可见轮廓线
尺寸文本	白色	连续线	0.25	文字、尺寸标注

4.3.1 创建新图层

操作方法：选择"格式→图层"命令；单击功能区面板中的"图层特性管理器"按钮；在命令行输入"Layer"，按＜ Enter ＞键。

采用上述任何一种方式操作后，都可弹出"图层特性管理器"对话框，如图 4-3 所示。在该对话框中，单击"新建图层"按钮，即可创建一个名为"图层 1"的图层。如果连续

图 4-3 "图层特性管理器"对话框

单击"新建图层"按钮 ，可依次创建"图层 2""图层 3"等图层。由于新创建的图层特性默认与 0 图层相同，因此，需要修改各图层的特性。

4.3.2　修改层名

为了体现不同图层的适用场合，需要修改层名，图层的名字可以包括字母、数字、空格和特殊符号。例如，要将"图层 5"修改为"尺寸文本"，可先选中"图层 5"，再单击图层名称，在文字编辑框中将"图层 5"改为"尺寸文本"。

4.3.3　修改图层颜色

为了在绘图中快速区别各图层所包含的线型，可以对主要图层的颜色进行修改。在"图层特性管理器"对话框中，单击图层"颜色"列中对应的颜色框按钮，弹出"选择颜色"对话框，如图 4-4 所示，在对话框中可选择所需颜色。

图 4-4　"选择颜色"对话框

4.3.4　修改图层线型

线型是指在图层上绘图时所使用的线型。在绘图过程中可以选用不同的线型，每种线型在图形中所代表的含义各不相同。由于默认状态下的线型为"Continuous"线型（实线型），因此，需要根据实际情况修改线型。

在"图层特性管理器"对话框中，单击图层"线型"列中的"Continous"，弹出"选择线型"对话框，如图 4-5 所示。若所需的线型没有列出，则单击"加载"按钮，弹出"加载或重载线型"对话框，如图 4-6 所示，用户可从中选择需要的线型。

图 4-5　"选择线型"对话框

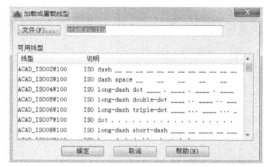

图 4-6　"加载或重载线型"对话框

此外，用户还可以设置线型比例，以控制虚线和点画线等线型的显示。方法是：选择"格式→线型选项"命令，弹出"线型管理器"对话框，如图 4-7 所示。在对话框右下方的"全局比例因子"文本框中输入线型的比例值，调整虚线和点画线的横线与空格的比例显示。此比例值是一个经验值，一般设置为 0.3～0.7。单击"确定"按钮，完成线型的设置。

图 4-7 "线型管理器"对话框

4.3.5 修改图层线宽

在"图层特性管理器"对话框中，单击图层"线宽"列中对应的"默认"字段，弹出"线宽"对话框，如图 4-8 所示，在对话框列表中选择需要设置的线宽即可。

在计算机上显示图样时，有时线宽的显示效果不太理想，这是线宽显示设置不合理的缘故。AutoCAD 2016 提供了显示线宽的功能，方法是：选择"格式→线宽"命令，弹出"线宽设置"对话框，如图 4-9 所示。在对话框的"线宽"列表框中选择"ByLayer"（随层）项，勾选"显示线宽"复选框，适当调整"调整显示比例"滑块的位置，可改变显示的比例。

图 4-8 "线宽"对话框

设置好的图层如图 4-10 所示。

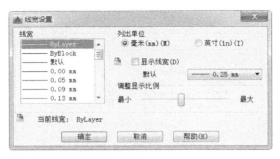

图 4-9 "线宽设置"对话框

图 4-10 图层设置

4.3.6 图层管理

1. 设置当前层

设置当前层的操作方法有两种：在"图层特性管理器"对话框中选择某一图层后，单击

"置为当前"按钮，将该图层设置为当前层；打开"图层"工具栏中的"图层"下拉列表框，选取要置为当前的图层。

2. 删除图层

在"图层特性管理器"对话框中选择某一图层后，单击"删除图层"按钮，可将该图层删除。

注意：0 图层、当前层、含有对象的图层都不能被删除。

3. 图层的开关

在"图层特性管理器"对话框中单击"开关/图层"图标，将关闭或打开某一图层。打开图层时，该图层上的图形被显示出来，并且可以在输出设备上打印；而关闭图层时，该图层上的图形不能被显示，也不能打印输出。当图形重新生成时，被关闭的图层将一起被生成。

4. 图层的冻结与解冻

在"图层特性管理器"对话框中单击"在所有视口中冻结/解结"图标，可冻结或解冻图层。解冻图层时，该图层上的图形被显示出来；而冻结图层时，该图层上的图形不能被显示，也不能打印输出。当图形重新生成时，系统不再重新生成该图层上的对象。

5. 图层的锁定或解锁

在"图层特性管理器"对话框中单击"锁定/解锁图层"图标，可锁定或解锁图层。锁定状态并不影响该图层上图形的显示，还可以在该图层上绘图，但不能对其进行编辑或修改。

6. 图层的打印

在"图层特性管理器"对话框中单击"打印"按钮，可以设定图层是否被打印。即使关闭了图层的打印，该图层上的对象仍会显示出来。无论如何设置，都不会打印处于关闭或冻结状态的图层。

7. 修改对象特性

除了可用以上所介绍的方法进行修改对象特性中的图层、颜色和线型外，还可以用以下方法来改变图形对象的各种特性（包括几何特性）。

操作方法：在菜单栏中选择"修改→特性"命令，弹出"特性"对话框，如图 4-11 所示。选择图线或文本以后，可以对其改变线型、颜色、字体和字高等。

8. 特性匹配

把一个对象的特性赋予另一对象，称为特性匹配特性的来源对象称为源对象，要赋予的那个对象称为目标对象。可匹配的基本特性有颜色、线型、线宽、线型比例、文本、尺寸和剖面图案。

操作方法：在菜单栏中选择"修改→特性匹配"命令，或单击"标准注释"工具栏中的"特性匹配"按钮，则命令行提示：

选择源对象：（选择源对象，被选中的对象呈蓝色显示）

图 4-11　"特性"对话框

当前活动设置：(颜色、图层、线型、线型比例、线宽、厚度、打印样式、标注、文字、填充图案、多段线、视口、表格材质、阴影显示、多重引线)

选择目标对象或 [设置 (S)]：(选择目标对象后按< Enter >键。此时，目标对象的特性与源对象的特性完全相同)

任务 4.4　上机练习

4.4.1　练习目的

1) 掌握图形界限的设置方法。

2) 掌握图层的建立及颜色、线型设置的操作方法。

3) 掌握图层管理及修改图形对象特性的操作方法。

4.4.2　练习要求

1) 绘制图 4-12 所示图形 (图号 03，A4 图幅竖放 210mm×297mm)。

2) 不标注尺寸，不填写标题栏。

3) 布图均匀 (绘图前，应确定好各组线型起点坐标)。

4.4.3　绘图方法和步骤

1) 创建一个新图形文件。

在菜单栏中选择"格式→图形界限"命令，输入左下角坐标 (0，0) 后按< Enter >键，输入右上角坐标 (210，297) 后按< Enter >键；选择"视图→缩放→全部"命令，使幅面全屏显示。

2) 创建新图层。

在菜单栏中选择"格式→图层"命令，设置 5 个图层。

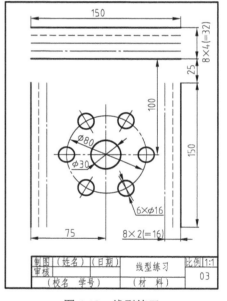

图 4-12　线型练习

图层 1：粗实线 (颜色白色、线型 Continuous、线宽 0.5mm)。

图层 2：细实线 (颜色红色、线型 Continuous、线宽 0.25mm)。

图层 3：中心线 (颜色青色、线型 Center2、线宽 0.25mm)。

图层 4：虚线 (颜色黄色、线型 Dashed2、线宽 0.25mm)。

图层 5：尺寸文本 (颜色白色、线型 Continuous、线宽 0.25mm)。

3) 绘制 A4 图框、标题栏。

设"图层 2"为当前层，单击"直线"按钮 ✏，绘制图幅边界线 (细实线)。

设"图层 1"为当前层，单击"直线"按钮 ✏，绘制图框线 (粗实线)。

标题栏边框是粗实线，栏内是细实线，利用对象捕捉追踪进行绘制，如图 4-13 所示。

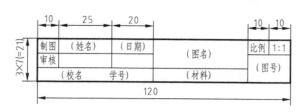

图 4-13　标题栏

4）绘制线型。

设"图层 1"为当前层，单击"直线"按钮，绘制所有粗实线直线。

设"图层 2"为当前层，单击"直线"按钮，绘制细实线直线。

设"图层 3"为当前层，单击"直线"按钮，绘制所有中心线直线。

设"图层 4"为当前层，单击"直线"按钮，绘制所有虚线。

5）绘制圆。

在"绘图"面板中单击"圆"按钮，系统提示：

指定圆心：（输入圆心坐标）。

指定半径：（输入半径）。

【例 4-1】　画 $\phi 30$ mm 粗实线圆。

单击"圆"按钮，命令行提示：

指定圆心：（捕捉中心线交点）。

指定半径：15（或 D → 30）。

6）用"打断"命令将多余线段切掉。

单击"修改"工具栏中的"打断"按钮，命令行提示：

选择断开对象：（拾取对象第一断开点）。

选择第二点：（拾取对象第二断开点）。

项目 5

绘制二维图形

二维图形是工程设计中的主要技术文件，也是加工制造、检修的重要依据。任何二维图形都是由点、直线、圆弧和矩形等基本元素构成的，只有熟练掌握这些基本元素的绘制方法，才能绘制出各种复杂的图形对象。通过本项目的学习，用户将对二维图形的基本绘制方法有一个全面的了解和认识，并能够熟练使用常用的绘图命令。

学习提要

● 利用直线、圆、矩形和正多边形等命令绘制平面图形
● 绘图命令的综合应用

任务 5.1 直线命令

用"直线"命令可以绘制一条线段，也可以通过不断地输入下一点坐标，绘制出连续的多条线段，直到按＜ Enter ＞键或空格键退出该命令，但是每条线段都是独立的直线对象。如果要将一系列直线绘制成一个对象，可使用"多段线"命令。

直线的绘制是通过确定直线的起点和终点来完成的。

操作方法：在命令行中输入"Line"（直线），按＜ Enter ＞键；单击"绘图"面板中的"直线"按钮；调用"绘图→直线"菜单命令。

采用上述任何一种方法后，都会在命令行提示：

命令：Line

指定第一点：（输入直线的起点坐标）↙

指定下一点或［放弃（U）］：（输入第二点坐标）↙

绘制完两条或两条以上的直线后，命令行提示：

指定下一点或［闭合（C）/放弃（U）］：（C）↙，所画的直线将与第一条直线的起点相连；U ↙，可取消刚绘制的线段）

注意：为了提高绘图效率，在输入命令时可以输入它们的简写形式，如"直线"命令可以简写为"L"，也就是说在命令行输入"L"并按＜ Enter ＞键就可以调用"直线"命令。

【例5-1】 绘制图5-1所示平面图形。

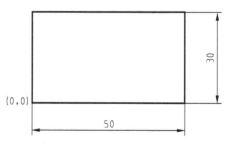

图5-1 【例5-1】平面图形

具体步骤如下：

命令：Line

指定第一点：0，0 ↙

指定下一点或［放弃（U）］：50，0 ↙

指定下一点或［放弃（U）］：0，30 ↙

指定下一点或［放弃（U）］：–50，0 ↙

指定下一点或［放弃（U）］：C ↙

任务 5.2　圆　命　令

圆是工程制图中最常见的一类基本图形对象，常用来表示柱、孔、轴等基本构件。调用"圆"命令可以根据已知条件，用多种方式画圆。

操作方法有以下两种。

方法一：单击"绘图"面板中"圆"按钮 ⊙；在命令行中输入"C"或"Circle"（圆），按＜ Enter ＞键。

"圆"命令有许多选项，可根据需要选择其中的任意一项并按命令行的提示操作。

（1）圆心、半径（R）　默认方式，如图 5-2 所示。

命令行提示：

命令：Circle

指定圆的圆心或［三点（3P）/ 两点（2P）/ 相切、相切、半径（T）］：（输入圆心位置 O 点坐标）

指定圆的半径［直径（D）］：（输入半径值或把圆拖动到所需要的大小）↙

（2）圆心、直径（D）　先输入圆心位置，在系统提示输入半径时，输入"D"（直径）并按＜ Enter ＞键，接着输入直径（这时可输入一个值或把圆拖动到所需要的大小）。

（3）两点（2）　在系统提示下，输入"2P"，按＜ Enter ＞键，接着输入两个点，该两点间的距离为圆的直径，如图 5-3 所示。

（4）三点（3）　在系统提示下，输入"3P"，按＜ Enter ＞键，然后依次输入圆周上的三个点。

（5）相切、相切、半径（T）　在系统提示下，输入"T"，按＜ Enter ＞键，分别选择两个相切对象，最后输入半径。图 5-4 所示为已知圆 1、2，做一个公切圆与已知圆相切。

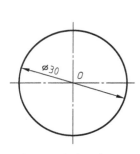

图 5-2　默认方式画圆

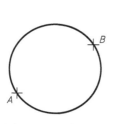

图 5-3　"两点"画圆

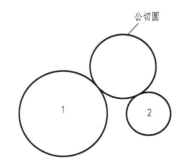

图 5-4　"相切、相切、半径"画圆

（6）相切、相切、相切（A） 在系统提示下，依次选择 3 个相切对象。

方法二：调用"绘图→圆"菜单命令，弹出图 5-5 所示的子菜单，用户可根据需要选择其中任意一项进行画圆的操作。

【例 5-2】 绘制图 5-6 所示的平面图形。

图 5-5 "圆"的子菜单

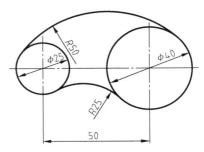

图 5-6 【例 5-2】平面图形

具体步骤如下：

1）新建一个图形文件并建立 3 个图层，将中心线层设为当前层。

2）选择"直线"命令，画 3 条细点画线并使其左右中心距为 50mm。

3）选择"圆"命令，分别画直径为 25mm 和 40mm 的圆。

4）选择"圆"命令，输入"T"并按＜ Enter ＞键，将指针移至已画好的圆周上目测切点位置，显示"自动捕捉"切点按钮 后单击，输入半径"25"并按＜ Enter ＞键。

5）选择"圆"命令，输入"T"并按＜ Enter ＞键，将指针移至已画好的圆周上目测切点位置，显示"自动捕捉"切点按钮 后单击，输入半径"50"并按＜ Enter ＞键。

6）选择"修剪"命令（按钮为 ），修剪多余的图线。

任务 5.3 圆 弧 命 令

圆弧是与其等半径的圆的一部分。在机械工程中，许多构件的外轮廓是由平滑弧段构成的。使用"圆弧"命令可以根据已知条件，用多种方式画圆弧。

操作方法有以下两种。

方法一：在命令行中输入"A"或"Arc"（圆弧），按＜ Enter ＞键；单击"绘图"面板中的"圆弧"按钮 。

命令行提示：

命令：Arc

指定圆弧的起点或［圆心（C）］：

用户可根据需要选择选项中的任意一项并按命令行的提示操作。

方法二：调用"绘图→圆弧"菜单命令，显示图 5-7 所示的子菜单，用户可根据需要选择其中任意一项进行画圆弧的操作。

在画圆弧时，要注意角度的方向性和弦长的正负

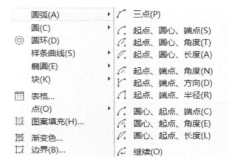

图 5-7 "圆弧"子菜单

（逆时针方向为正）。"圆弧"命令的选项既多又复杂，不推荐使用，用户可以利用"圆"命令并采用修剪等命令来绘制圆弧。下面推荐三种常用的画圆弧方法，如图 5-8 所示。

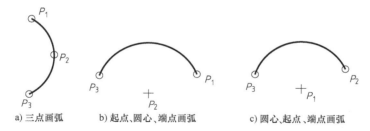

a) 三点画弧　　b) 起点、圆心、端点画弧　　c) 圆心、起点、端点画弧

图 5-8　常用的圆弧画法

（1）三点画弧　默认方式。

分别按 P_1、P_2、P_3 的顺序输入圆弧三个点的坐标，即可画出圆弧。

命令：Arc

指定圆弧的起点或［圆心（C）］:（输入 P_1）↙

指定圆弧的第二个点或［圆心（C）/端点（E）］:（输入 P_2）↙

指定圆弧的端点:（输入 P_3）↙

（2）起点、圆心、端点画弧　依次输入圆弧的起点 P_1、圆心 P_2、端点 P_3 的坐标即可画出圆弧。

（3）圆心、起点、端点画弧　依次输入圆弧的圆心 P_1、起点 P_2、端点 P_3 的坐标即可画出圆弧。

任务 5.4　构造线命令

构造线是两端可以无限延伸的直线，没有起点和终点。使用"Xline"命令可以按选项绘制一条或一组无穷长的直线，在工程制图中常用作绘制辅助线。

操作方法：在命令行中输入"Xline"（构造线），按＜ Enter ＞键；单击"绘图"面板中的"构造线"按钮 ⟋；调用"绘图→构造线"命令。

采用上述任何一种方法后，都会在命令行提示：

命令：Xline

指定点或［水平（H）/垂直（V）/角度（A）/二等分（B）/偏移（O）］:

1）此时可在绘图区任意选定一点，再指定通过点后即可绘制出一条构造线；如果连续指定通过点，就会绘制出相交于一点的一系列构造线。

2）选择"水平（H）"方式，可以绘制一条或多条通过指定点平行于 X 轴的构造线。

3）选择"垂直（V）"方式，可以绘制一条或多条通过指定点平行于 Y 轴的构造线。

4）选择"角度（A）"方式，可以绘制一条或多条指定角度的构造线。

5）选择"二等分（B）"方式，可以绘制角平分线，如图 5-9

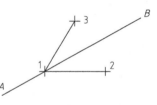

图 5-9　"二等分"方式绘制
构造线

所示。先指定角的顶点 1，再分别指定角的起点 2 和端点 3，即可绘制一条角平分线。

6）选择"偏移（O）"方式，可以绘制一条或多条与已知直线平行的构造线。

任务 5.5　射线命令

射线是一端固定而另一端无限延伸的直线。它只有起点和方向，没有终点，一般用作辅助线。

操作方法：在命令行中输入"RAY"，按＜Enter＞键；单击"绘图"面板中的"射线"按钮 ↗；调用"绘图→射线"命令。

调用上述命令，指定射线的起点后，可以根据"指定通过点"的提示指定多个通过点，绘制经过相同起点的多条射线，直到按＜Esc＞键或＜Enter＞键退出该命令为止。

任务 5.6　多段线命令

多段线又称多义线，是 AutoCAD 2016 中常用的一类复合图形对象。使用"多段线"命令可生成包含许多直线和圆首尾连接形成的复合线实体，同一条线可有不同的宽度。

操作方法：在命令行中输入"Pline"（多段线），按＜Enter＞键；单击"绘图"面板中的"多段线"按钮 ⊃；调用"绘图→多段线"菜单命令。

采用上述任何一种方法后，都会在命令行提示：

命令 Pline

指定起点：（输入起点坐标）↙

当前线宽为 0.0000

指定下一点或［圆弧（A）/半宽（H）/长度（L）/放弃（U）/宽度（W）]：（输入第二点坐标后按＜Enter＞键，便画好了一条线宽为 0.0000 的直线，若要改变线的宽度，则输入"W"后再按＜Enter＞键）

指定起点宽度＜0.0000＞：（输入起点宽度）↙

指定端点宽度＜　　＞：（此时端点宽度默认为起点线宽，若线宽一致，可直接按＜Enter＞键；不一致则输入端点宽度后再按＜Enter＞键）

指定下一点或［圆弧（A）/闭合（C）/半宽（H）/长度（L）/放弃（U）/宽度（W）]：（输入点坐标后按＜Enter＞键，便画好了一条指定线宽的直线，若要画圆弧，则输入"A"后再按＜Enter＞键）

指定圆弧的端点或［角度（A）/圆心（CE）/闭合（CL）/方向（D）/半宽（H）/直线（L）/半径（R）/第二个点（S）/放弃（U）/宽度（W）]：（输入圆弧的端点）↙

【例 5-3】　绘制图 5-10 所示的平面图形。

具体步骤如下：

1）新建一个图形文件并按要求设置线型、颜色。

2）用多段线命令绘制长度分别为 120mm、130mm、80mm

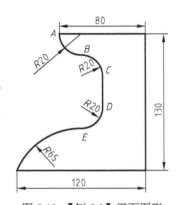

图 5-10　【例 5-3】平面图形

的直线。

　　单击"多段线"按钮 ⏁，依次输入：0，0 ∠（左下角坐标）→ W ∠ → 1 ∠ → 1 ∠ →
120 ∠ → 130 ∠ → 80 ∠。

　　3）用圆弧命令绘制圆弧 *AB*，依次输入：A ∠ → CE ∠ → 20，0（圆心）∠ → 0，−20 ∠。

　　4）用圆弧命令绘制圆弧 *BC*，输入：20，−20 ∠。

　　5）绘制直线 *CD*，依次输入：L ∠ → 30 ∠。

　　6）绘制圆弧 *DE*，依次输入：A ∠ → −20，−20 ∠。

　　7）绘制圆弧 *R*65mm，输入：CL ∠。

任务 5.7　矩　形　命　令

　　矩形就是通常所说的长方形，是通过输入矩形的任意两个对角点位置确定的。在
AutoCAD 2016 中绘制矩形可以为其设置倒角、圆角，以及宽度和厚度值。

　　操作方法：在命令行中输入"Rectang"（矩形），按 < Enter > 键；单击"绘图"面板中
的"矩形"按钮 ▭；调用"绘图→矩形"菜单命令。

　　（1）以"默认"方式绘制矩形　默认设置下，按给定矩形对角线的两点绘制矩形，如图
5-11a 所示。

　　命令行提示：

　　命令：Rectang

　　指定第一个角点或 [倒角（C）/标高（E）/圆角（F）/厚度（T）/宽度（W）]：（指定第 1
点）∠

　　指定另一个角点或 [面积（A）/尺寸（D）/旋转（R）]：（指定第 2 点）∠

　　（2）以"倒角"方式绘制矩形　按指定的倒角距离绘制矩形，如图 5-11b 所示。

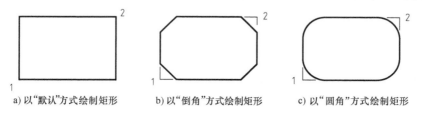

a) 以"默认"方式绘制矩形　　b) 以"倒角"方式绘制矩形　　c) 以"圆角"方式绘制矩形

图 5-11　用"矩形"命令绘制矩形

　　命令行提示：

　　命令：Rectang

　　指定第一个角点或 [倒角（C）/标高（E）/圆角（F）/厚度（T）/宽度（W）]：C ∠（输
入"C"，表示选"倒角"方式）

　　指定矩形的第一个倒角距离 < 0.0000 >：5 ∠

　　指定矩形的第二个倒角距离 < 5.0000 >：∠（直接按 < Enter > 键，表示第二个倒角距
离与第一个倒角距离一样）

　　指定第一个角点或 [倒角（C）/标高（E）/圆角（F）/厚度（T）/宽度（W）]：（指定第 1
点）∠

指定另一个角点或［面积（A）/尺寸（D）/旋转（R）］：（指定第 2 点）↙

（3）以"圆角"方式绘制矩形　按指定的圆角半径绘制矩形，如图 5-11c 所示。

命令行提示：

命令：Rectang

指定第一个角点或［倒角（C）/标高（E）/圆角（F）/厚度（T）/宽度（W）］：F ↙

指定矩形的圆角半径＜0.0000＞：6 ↙（输入圆角半径，按＜Enter＞键）

指定第一个角点或［倒角（C）/标高（E）/圆角（F）/厚度（T）/宽度（W）］：（指定第 1 点）↙

指定另一个角点或［面积（A）/尺寸（D）/旋转（R）］：（指定第 2 点）↙

【例 5-4】　绘制图 5-12 所示的平面图形。

具体步骤如下：

1）新建一个图形文件并按要求设置线型、颜色，将中心线层设为当前层。

2）选择"构造线"命令，绘制两条基准线，如图 5-13 所示。

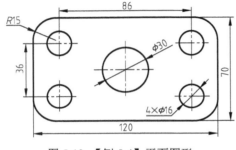

图 5-12　【例 5-4】平面图形

图 5-13　绘制两条基准线

3）选择"偏移"命令，分别按偏移距离 120mm/2、86mm/2、70mm/2、36mm/2 绘制图形框架。

4）将粗实线层设为当前层，选择"矩形"命令，选择"圆角"方式，输入圆角半径 15mm，绘制矩形。

5）选择"圆"命令，绘制直径为 30mm 的大圆和 4 个直径为 16mm 的小圆。

6）选择"删除"和"打断"命令，对中心线进行修改。绘制完成的图形如图 5-14 所示。

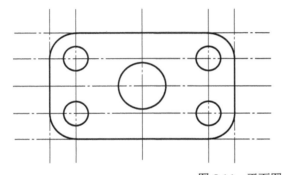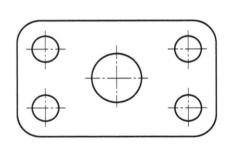

图 5-14　平面图形练习

任务 5.8　正多边形命令

由三条或三条以上长度相等的线段首尾相接形成的多边形称为正多边形。使用"正多边形"命令可以绘制边数为 3～1024 的正多边形。

操作方法：在命令行中输入"Polygon"（正多边形），按＜Enter＞键；单击"绘图"面板中的"正多边形"按钮⬠；调用"绘图→正多边形"菜单命令。

（1）以"内接于圆"方式（默认方式）绘制正多边形　结果如图 5-15 所示。

命令行提示：

命令：Polygon

输入边的数目＜4＞：6✓

指定正多边形的中心点或［边（E）］：（捕捉 O 点）

输入选项［内接于圆（I）/外切于圆（C）］＜I＞：✓

指定圆的半径：20✓

（2）以"外切于圆"方式绘制正多边形　结果如图 5-16 所示。

命令行提示：

命令：Polygon

输入边的数目＜4＞：6✓

指定正多边形的中心点或［边（E）］：（捕捉 O 点）

输入选项［内接于圆（I）/外切于圆（C）］＜I＞：C✓

指定圆的半径：20✓

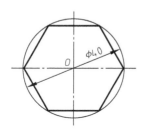

图 5-15　以"内接于圆"方式绘制正多边形

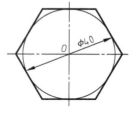

图 5-16　以"外切于圆"方式绘制正多边形

（3）以"边"方式绘制正多边形　按指定正多边形边长的方式绘制正多边形，结果如图 5-17 所示。

命令行提示：

命令：Polygon

输入边的数目＜4＞：5✓

指定正多边形的中心点或［边（E）］：E✓

指定边的第一个端点：（指定第 1 点）✓

指定边的第二个端点：（指定第 2 点）✓

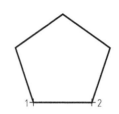

图 5-17　以"边"方式绘制正多边形

【例 5-5】　绘制图 5-18 所示的螺钉。

具体步骤如下：

1）新建一个图形文件并按要求设置线型、颜色，将中心线层设为当前层。

2）选择"构造线"命令，绘制两条基准线。

3）选择"正多边形"命令，绘制正六边形。

4）选择"圆"命令，绘制直径为40mm的圆。

5）选择"直线"命令，绘制主视图，绘制中注意投影关系。

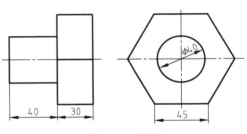

图 5-18　螺钉

6）选择"打断"和"删除"命令，对中心线进行修改。

任务 5.9　椭 圆 命 令

椭圆和椭圆弧是经常用的图形对象。椭圆是特殊样式的圆，与圆相比，椭圆的半径长度不一。其形状由定义其长度和宽度的两个轴决定，较长的轴称为长轴，较短的轴称为短轴。椭圆弧是椭圆的一部分，类似于椭圆，不同的是它的起点和终点没有重合。绘制椭圆弧时，需要确定的参数有椭圆弧所在椭圆的两个轴及椭圆弧的起点和终点的角度。使用"椭圆"命令可以根据已知条件，用多种方式绘制椭圆。

操作方法有以下两种：

方法一：单击"绘图"面板中的"椭圆"按钮 ◔；在命令行中输入"Ellipse"（椭圆），按< Enter >键。

"椭圆"命令有许多选项，用户可根据需要选择选项中的任意一项并按命令行的提示操作。

（1）以"轴端点"方式绘制椭圆　通过指定的三个轴端点绘制椭圆，如图 5-19 所示。

命令行提示：

命令：Ellipse

指定椭圆的轴端点或［圆弧（A）/中心点（C）］：（指定第 1 点）✓

指定轴的另一个端点：（指定该轴上第 2 点）✓

指定另一个半轴长度或［旋转（R）］：（指定第 3 点确定另一个半轴长度）✓

（2）以"中心点"方式绘制椭圆　通过指定椭圆圆心和椭圆与两个轴的交点（两半轴长度）绘制椭圆，如图 5-20 所示。

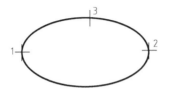

图 5-19　以"默认"方式绘制椭圆

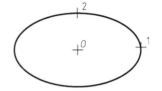

图 5-20　以"中心点"方式绘制椭圆

命令行提示：

命令：Ellipse

指定椭圆的轴端点或［圆弧（A）/中心点（C）］：C　✓

指定椭圆的中心点:(指定椭圆中心点 O 点)↙

指定轴的端点:(指定点 1,确定其半轴长度)↙

指定另一个半轴长度或 [旋转(R)]:(指定点 2,确定另一个半轴长度)↙

（3）以"旋转（R）"方式绘制椭圆   通过指定一个轴上的两个端点和旋转角度绘制椭圆,如图 5-21 所示。

命令行提示:

命令:Ellipse

指定椭圆的轴端点或 [圆弧（A）/中心点（C）]:(指定第 1 点)↙

指定轴的另一个端点:(指定该轴上第 2 点)↙

指定另一个半轴长度或 [旋转（R）]:(输入 R)↙

指定绕长轴旋转的角度:(输入角度值)↙

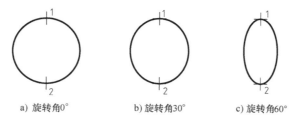

a) 旋转角0°   b) 旋转角30°   c) 旋转角60°

图 5-21   以"旋转"方式绘制椭圆

以"旋转"方式绘制椭圆时,椭圆短轴与长轴之比为旋转角度的余弦,旋转角度越小,短轴与长轴的比值越大。当旋转角度为 0°时,该命令绘制的图形为圆。

（4）以"圆弧（A）"方式   绘制椭圆弧   通过"圆弧"方式绘制的椭圆弧如图 5-22 所示。

命令行提示:

命令:Ellipse

指定椭圆的轴端点或 [圆弧（A）/中心点（C）]:A↙

指定椭圆的轴端点或 [中心点（C）]:(指定轴端点 1)↙

指定轴的另一个端点:(指定轴端点 2)↙

指定另一个半轴长度或 [旋转（R）]:(指定轴端点 3)↙

指定起始角度或 [参数（P）]:(指定切断点 4 或输入起始角度)↙

指定终止角度或 [参数（P）/包含角度（I）]:(指定切断点 5 或输入终止角度)↙

方法二:调用"绘图→椭圆"菜单命令,显示图 5-23 所示的子菜单,用户可根据需要选择其中任意一项进行绘制椭圆的操作。

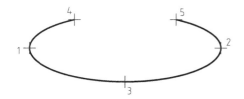

图 5-22   以"圆弧"方式绘制椭圆弧

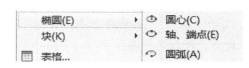

图 5-23   "椭圆"子菜单

任务 5.10　样条曲线命令

样条曲线是经过或接近一系列给定点的平滑曲线，它能够自由编辑，以及控制曲线与点的拟合程度。在机械产品设计领域，该命令可用于绘制局部视图、局部剖视图、局部放大图时画波浪线。使用"样条曲线"命令，可以通过空间一系列给定点生成光滑的曲线。

操作方法：在命令行中输入"Spline"（样条曲线），按＜Enter＞键；单击"绘图"面板中的"样条曲线"按钮～；调用"绘图→样条曲线"菜单命令。

采用上述任何一种方法后，命令行提示：

命令：Spline

指定第一个点或［方式（M）/节点（K）/对象（O）］：（指定点1）↙

输入下一个点或：［起点切向（T）/公差（L）］：（指定点2）↙

输入下一个点或：［端点相切（T）/公差（L）/放弃（U）］：（指定点3）↙

输入下一个点或：［端点相切（T）/公差（L）/放弃（U）闭合（C）］：（指定点4）↙

输入下一个点或：［端点相切（T）/公差（L）/放弃（U）闭合（C）］：（指定点5）↙

输入下一个点或：［端点相切（T）/公差（L）/放弃（U）闭合（C）］：↙

如选择"闭合（C）"选项，能使样条曲线首尾相连；"拟合公差（F）"用来指定拟合公差值。拟合公差值为0时，曲线通过指定点；拟合公差值越大，曲线距离指定点越远。绘制的样条曲线如图5-24所示。

图 5-24　样条曲线

任务 5.11　点　命　令

在工程制图中，点主要用于定位，如标注孔、轴中心的位置等。还有一类点为等分点，用于等分图形对象。理论上，点是没有大小的图形对象，但是为了能在图样上准确地表示出点的位置，可以用特定的符号来表示点。在 AutoCAD 2016 中，这种符号称为点样式，通常需要先设置好点样式，然后再用该样式画点。通过"点"命令可以按设定的点样式画点，或在选定的线段上画出定数等分或定距等分的等分点。

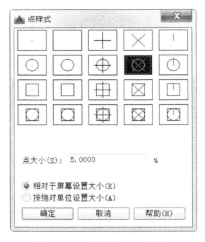

点样式设置方法：选择"格式→点样式"命令；或单击"实用工具"面板中的"点样式"按钮 ，弹出图5-25所示的对话框，根据需要选择点的样式，还可以在"点大小"文本框中设置点的大小。

（1）绘制单点　绘制单点就是调用一次命令只能指定一个点。

调用"单点"命令的方法：选择"绘图→点→单点"菜单命令；在命令行输入"Point"（点）并按＜Enter＞键。

（2）绘制多点　绘制多点就是调用一次命令后可以连续指定多个点，直到按＜Esc＞键结束该命令为止。

图 5-25　"点样式"对话框

调用"多点"命令的方法：选择"绘图→点→多点"菜单命令；单击"绘图"面板中的"多点"按钮。

（3）以"定数等分"方式画点 利用该命令可把直线、圆弧、多段线分成几个相等的部分。定数等分方式需要输入等分的总段数，由系统自动计算每段的长度。

命令行提示：

命令：Divide

选择要定数等分的对象：（用鼠标拾取要等分的对象）↙

输入线段数目或［块（B）］：6 ↙

定数等分线段如图 5-26 所示。

（4）以"定距等分"方式画点 定距等分方式是输入等分后每一段线段的长度，系统自动计算出需要等分的总段数。自直线、圆弧、多段线所指端点开始，每一指定单位标一个标记。

命令行提示：

命令：Measure

选择要定距等分的对象：（用鼠标拾取要等分的对象）↙

指定线段长度或［块（B）］：15 ↙

定距等分线段如图 5-27 所示。

图 5-26　定数等分线段 　　　　　　　　　　　图 5-27　定距等分线段

任务 5.12　上 机 练 习

1. 练习目的

1）熟练掌握直线、圆、椭圆、矩形和正多边形等命令的功能及操作方法。

2）熟悉用几种图形编辑命令编辑图形的操作方法。

2. 练习要求

1）绘制图 5-28（图号 04，A4 图幅横放）、图 5-29（图号 05，A4 图幅横放）、图 5-30（图号 06，A4 图幅竖放）所示的平面轮廓。

2）不标注尺寸，不填写标题栏。

3）布图均匀，作图准确。

3. 绘图方法和步骤

1）创建一个新图形文件。选择"格式→图形界限"命令，依次输入：0,0（左下角坐标）↙ → 297，210（右上角坐标）↙；选择"视图→缩放→全部"命令。

2）设置三个图层：粗实线层、细实线层、中心线层。

3）绘制图框、标题栏。

4）绘制图号为 04 的平面轮廓。

①单击"直线"按钮，绘制三条中心线。

②单击"圆"按钮，绘制 $\phi52$mm 和 $\phi74$mm 圆。

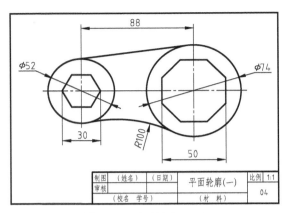

图 5-28　平面轮廓（一）

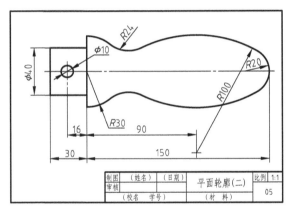

图 5-29　平面轮廓（二）

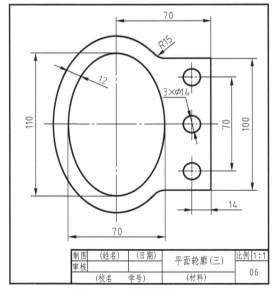

图 5-30　平面轮廓（三）

③ 单击"正多边形"按钮⬡，绘制正六边形和正八边形。

④ 用"圆"命令中的 TTR（相切、相切、半径）方式绘制 $R100mm$ 圆。

⑤ 选择"修剪"命令，修剪图形。单击"修剪"按钮 ‑/‑，命令行提示：

选择剪切边界：（选择 $\phi52mm$ 和 $\phi74mm$ 圆）✓

选择要修剪的对象：（选择 $R100mm$ 圆弧要剪掉的部分）✓

⑥ 单击"直线"按钮✏，绘制切线，命令行提示：

指定第一点（把指针放在 $\phi52mm$ 圆周目测切点处，显示切点标记按钮◯时，单击）✓

指定下一点：（对象捕捉 $\phi74mm$ 圆周切点）✓

⑦ 选择"打断"命令，对中心线进行修改。

5）绘制图号为 05 的平面轮廓。

① $R100mm$ 圆心的确定。绘制距离 $R30mm$ 左端面为 90mm 的竖直辅助线；$R100mm$ 与 $R20mm$ 内切，$R100mm$ 的圆心轨迹以 $R20mm$ 的圆心为圆心，80mm 为半径画圆，与竖直辅助线的交点即为 $R100mm$ 圆心。

② 用"圆"命令中的 TTR（相切、相切、半径）方式绘制 $R24mm$ 圆弧。

6）绘制图号为 06 的平面轮廓。

① 创建一个新图形文件，设置 A4 图幅竖放图形界限。

② 用"直线"命令绘制椭圆中心线，用"偏移"命令绘制 $3\times\phi14mm$ 圆的中心线。

单击"偏移"按钮⬓，命令行提示：

指定偏移距离：（输入偏移距离）✓

选择偏移对象：（拾取偏移对象）✓

指定要偏移的那一侧上的点→（把指针移至要偏移一侧，单击）✓

③ 绘制椭圆。

a. 在命令行中输入：Pellipse ✓→输入新值（0）：1 ✓。

b. 单击"椭圆"按钮⬭ → C ✓→指定椭圆中心点：（捕捉中心线交点）→指定轴的端点：35（打开正交模式）✓→指定另一个半轴长度：55 ✓。

c. 选择"偏移"命令绘制外椭圆弧。单击"偏移"按钮⬓，命令行提示：

指定偏移距离：12 ✓

选择偏移对象：（拾取内椭圆）✓

指定要偏移的那一侧上的点（把指针移至内椭圆外侧，单击）✓

④ 单击"圆"按钮◯，绘制 $3\times\phi14mm$ 圆。

⑤ 选择"圆"命令中的 TTR（相切、相切、半径），绘制 $R15mm$ 圆弧。

⑥ 选择"修剪""打断"命令，对图形进行修改。

项目 6

图形的编辑

图形编辑是指对已有图形对象进行删除、移动、复制、偏移、阵列和修剪等操作。AutoCAD 2016 具有强大的图形编辑功能，掌握这些功能，可以帮助用户合理构造与组织图形，提高绘图效率，简化绘图操作，保证绘图准确度，减少绘图工作量。

学习提要
- 用删除、复制、偏移和阵列等命令对图形进行修改
- 用缩放、拉伸和修剪等命令对图形进行进一步编辑
- 用倒角和圆角命令对图形进行编辑

任务 6.1 删 除 命 令

在绘图过程中，为了方便，可能会多绘制一些辅助线，或画错了一些图形，要擦除这些图形可以使用"删除"命令来实现。

"删除"命令可用于擦除多余的图线。

操作方法：在命令行中输入"E"（Erase 的第一个字母），按< Enter >键；单击"修改"面板中的"删除"按钮 ；选择"修改→删除"命令。

采用上述任何一种方法后，命令行提示：

命令：Erase

选择对象：（用鼠标直接选取或用窗口方式选取要删除的对象）

选择对象：（选取完成后，按< Enter >键，将对象删除）

任务 6.2 复 制 命 令

"复制"命令和"平移"命令相似，只不过它在平移图形的同时，会在源图形位置处创建一个副本，所以"复制"命令需要输入的参数仍然是复制对象、基点起点和基点终点。"复制"命令用于将选中的对象复制到指定的位置，可以一次复制多个对象。

操作方法：在命令行中输入"Copy"，按< Enter >键；单击"修改"面板中的"复制"按钮 ；调用"修改→复制"菜单命令。

采用上述任何一种方法后，命令行提示：

命令：Copy

选择对象：（用鼠标直接选取或用窗口方式选取要复制的对象）

选择对象：（选取后按＜Enter＞键）

指定基点或［位移（D）/模式（O）］＜位移＞：（确定基点，可用坐标值定位、对象捕捉等方法准确定位）

指定第二个点或＜使用第一个点作为位移＞：（确定第二个点，即复制对象后基点的位置）

指定第二个点或［退出（E）/放弃（U）］＜退出＞：（复制完成后按＜Enter＞键）

【例 6-1】　将图 6-1a 所示 1 处的两个圆分别复制到 2、3、4 处，如果如图 6-1b 所示。

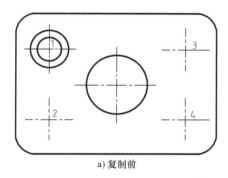 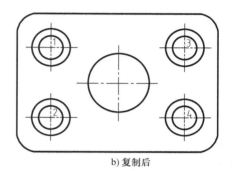

a) 复制前　　　　　　　　　　　　　　　　　　b) 复制后

图 6-1　"复制"命令的应用

具体步骤如下：

1）选择"复制"命令。

2）拾取两个同心圆，按＜Enter＞键。

3）捕捉圆心 1 作为基点。

4）分别捕捉交点 2、3、4 点，按＜Enter＞键。

任务6.3　镜像命令

"镜像"命令是一个特殊的复制命令。通过镜像生成的图形对象与源对象相对于对称轴成对称关系。在实际工程中，许多物体都设计成对称形状，如果绘制了这些图形的一半，就可以利用"镜像"命令迅速得到另一半。使用"镜像"命令时可选择删除原图，也可以选择保留原图。

操作方法：在命令行中输入"Mirror"，按＜Enter＞键确认；单击"修改"面板中的"镜像"按钮；调用"修改→镜像"菜单命令。

采用上述任何一种方法后，命令行提示：

命令：Mirror

选择对象：（用鼠标直接选取或用窗口方式选取要复制的对象）

选择对象：（选取完成后，按＜Enter＞键）

指定镜像线的第一点：（确定对称轴上的第一点）

指定镜像线的第二点：（确定对称轴上的第二点）

要删除源对象吗？［是（Y）/否（N）］＜N＞：（若不删除源图形，直接按＜Enter＞键；若要删除源图形，应输入字母"Y"后按＜Enter＞键）

【例6-2】 将图6-2a所示对称轴AB上面的图形对称地复制到下面，结果如图6-2b所示。具体步骤如下：

1）选择"镜像"命令。

2）选择上半部分图形，按＜Enter＞键。

3）捕捉镜像线端点A。

4）捕捉镜像线端点B。

5）直接按＜Enter＞键。

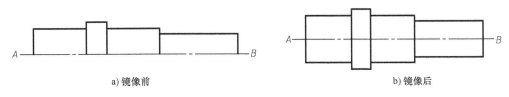

a) 镜像前　　　　　　　　　　　　　　　　　b) 镜像后

图6-2 "镜像"命令的应用

注意： 为了使镜像后图形中的文本便于阅读，在调用"镜像"命令前，将系统变量"Mirrtext"的值设置为0。

任务6.4 阵列命令

"阵列"命令是一个功能强大的多重复制命令，可以实现对象关于指定行数、列数及行间距、列间距的矩形阵列，也可以按照指定的阵列中心、阵列个数及包含角进行环形阵列。

操作方法：在命令行中输入"Array"，按＜Enter＞键；单击"修改"面板中的"阵列"按钮▦/◢/◣；调用"修改→阵列→矩形阵列/路径阵列/环形阵列"菜单命令。

采用上述任何一种方法后会提示选择阵列对象，选择好对象后会调出"阵列创建面板"，用户根据需要在对应项目中输入相关数值后，单击"关闭阵列"按钮。

（1）矩形阵列　如图6-3所示，6个圆按照长方形布置，圆的直径为20mm，行间距为40mm，列间距为30mm，可以利用"阵列"命令来完成绘制。

1）调用"圆"命令，绘制左上方的一个圆A。

2）调用"阵列→矩形阵列"命令，选择绘制好的圆作为阵列对象，按＜Enter＞键，弹出"创建阵列"面板；设置"列数"为3，"行数"为2，列偏移距离为30，行偏移距离为-40，如图6-4所示。

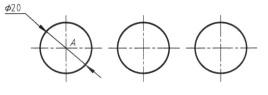
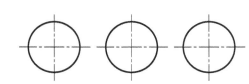

图6-3 圆孔布置图

3）单击"关闭阵列"按钮，完成对圆的矩形阵列。

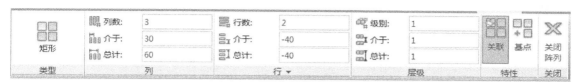

图 6-4　圆孔矩形阵列参数设置

注意： 阵列方向与 Y、X 轴方向一致时，行间距、列间距为正值，反之为负值。

（2）环形阵列　如图 6-5 所示，端盖上的 4 个沉孔可以利用"环形阵列"命令来绘制。

1）调用"圆"命令，绘制左上方的一个沉孔。

2）调用"阵列→环形阵列"命令，选择绘制好的圆作为阵列对象，按＜ Enter ＞键，指定阵列中心，弹出"创建阵列"面板；设置"项目数"为 4，"填充"为 360，如图 6-6 所示。

3）单击"关闭阵列"按钮，完成对沉孔的环形阵列。

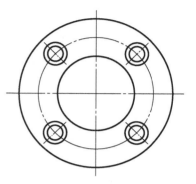

图 6-5　沉孔布置图

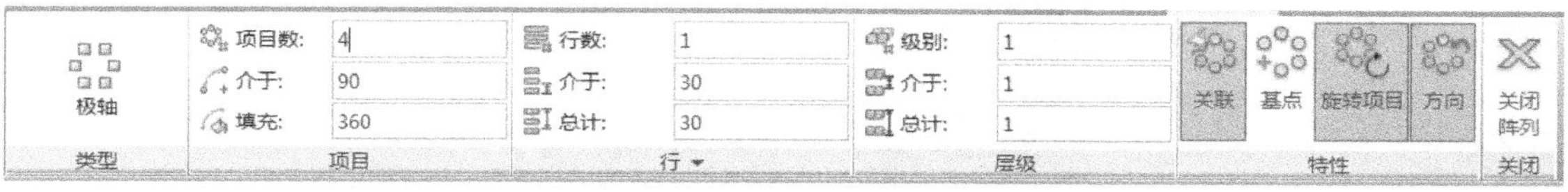

图 6-6　沉孔环形阵列参数设置

任务 6.5　偏 移 命 令

"偏移"命令可以对直线、圆、圆弧、正多边形和多段线等源对象生成等距曲线。直线的等距线为平行等长的线段；圆弧的等距线为同心圆弧，并保持圆心角相同；连续画出的多段线的等距线为多段线，其组成线段将自动调整。

操作方法：在命令行中输入"Offset"，按＜ Enter ＞键；单击"修改"面板中的"偏移"按钮 ，调用"修改→偏移"菜单命令。

采用上述任何一种方法后，命令行提示：

命令：Offset

指定偏移距离或［通过（T）/删除（E）/图层（L）］＜通过＞：（输入偏移距离）↙

选择要偏移的对象，或［退出（E）/放弃（U）］＜退出＞：（选择要偏移的对象）

指定要偏移的那一侧上的点，或［退出（E）/多个（M）/放弃（U）］＜退出＞：（将指针移到所要偏移的一侧单击）

选择要偏移的对象，或［退出（E）/放弃（U）］＜退出＞：（若仍要偏移可重复上述操作，若按＜ Enter ＞键则结束编辑）

【例 6-3】　绘制"偏移"命令图标，如图 6-7 所示。

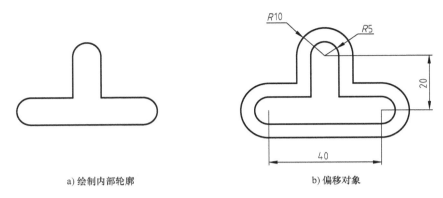

a) 绘制内部轮廓   b) 偏移对象

图 6-7 "偏移"命令的应用

具体步骤如下：

1）选择"多段线"命令，用粗实线绘制内部轮廓，如图 6-7a 所示。

2）选择"偏移"命令。

3）输入偏移距离 5，按 < Enter > 键。

4）选择内部轮廓。

5）将指针移到轮廓外侧后单击。

任务 6.6　移 动 命 令

"移动"命令可以移动对象，改变对象的位置。利用 AutoCAD 2016 绘图布置图样时，不必像手工绘图那样精确计算每个视图在图纸上的位置，若发现某部分图形布置不合理，也不必将其擦除，只需用"移动"按钮✛就可方便地将图形从一个位置平移到另一个位置，移动过程中图形的大小、形状和倾斜角度均不变。

使用"移动"命令可以移动整个图形，也可以移动部分图形，无论移动什么，都必须给出移动后的位置。在调用命令时，需要确定的参数有移动对象、移动基点和第二点。

操作方法：在命令行中输入"Move"，按 < Enter > 键；单击"修改"面板中的"移动"按钮✛；调用"修改→移动"菜单命令。

采用上述任何一种方法后，命令行提示：

命令：Move

选择对象：（拾取需要移动的对象）↙

指定基点或［位移（D）］< 位移 >：（选择基点）

指定第二点或<使用第一点作为位移>：（拾取第二点，即对象移动后基点的位置）

【例 6-4】　将手柄移动到适当的位置，如图 6-8 所示。

具体步骤如下：

1）选择"移动"命令。

2）用窗口方式完全选中手柄图形后按 < Enter > 键。

3）捕捉 ϕ10mm 圆心作为基点。

4）向右下方移动指针到适当位置单击。

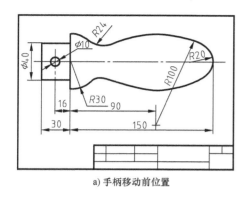

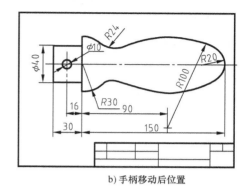

a) 手柄移动前位置　　　　　　　　　　　b) 手柄移动后位置

图 6-8　"移动"命令的应用

任务 6.7　旋转命令

利用"旋转"命令可将图形对象绕指定的基点旋转一定的角度。在调用命令时，需要确定的参数有旋转对象、旋转基点和旋转角度。逆时针方向旋转时角度为正，顺时针方向旋转时角度为负。

操作方法：在命令行中输入"Rotate"，按＜Enter＞键；单击"修改"面板中的"旋转"按钮○；调用"修改→旋转"菜单命令。

（1）以"角度"方式旋转对象（图 6-9）。

命令行提示：

命令：Rotate

选择对象：（选择正六边形）↙

指定基点：（捕捉交点 A）

指定旋转角度，或［复制（C）/参照（R）］：30 ↙

（2）以"参照"方式旋转对象（图 6-10）。

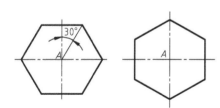

图 6-9　以"角度"方式旋转对象

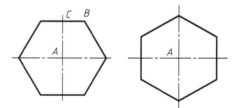

图 6-10　以"参照"方式旋转对象

命令行提示：

命令：Rotate

选择对象：（选择正六边形）↙

指定基点：（捕捉交点 A）

指定旋转角度，或［复制（C）/参照（R）］：R ↙

指定参照角：（分别捕捉 *A* 点和 *B* 点）

指定新角度或［点（P）］：（捕捉 *C* 点）

（3）以"复制"方式旋转对象（图 6-11）。

命令行提示：

命令：Rotate

选择对象：（选择两个长圆形）✓

指定基点：（捕捉中心点 *A*）

指定旋转角度，或［复制（C）/参照（R）］：C ✓

指定旋转角度，或［复制（C）/参照（R）］：90 ✓

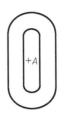
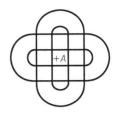

图 6-11　以"复制"方式旋转对象

任务 6.8　缩 放 命 令

"缩放"命令是将已有图形对象以基点为参照，将选中的对象按指定比例因子相对于基点进行缩放。在调用命令时，需要确定的参数有缩放对象、基点和比例因子。

操作方法：在命令行中输入"Scale"，按＜Enter＞键；单击"修改"面板中的"缩放"按钮，调用"修改→缩放"菜单命令。

（1）已知比例因子缩放（图 6-12）。

命令行提示：

命令：Scale

选择对象：（选择四边形）✓

指定基点：（捕捉交点 *A*）

指定比例因子或［复制（C）/参照（R）］：2 ✓

（2）参照缩放（图 6-13）。

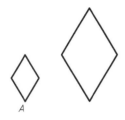

图 6-12　比例缩放

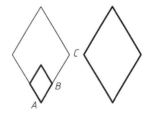

图 6-13　参照缩放

命令行提示：

命令：Scale

选择对象：（选择四边形）✓

指定基点：（捕捉交点 *A*）

指定比例因子或［复制（C）/参照（R）］：R ✓

指定参照长度：（分别捕捉 *A*、*B* 点）

指定新的长度或［点（P）］：（捕捉 *C* 点）

注意： 按参照方式缩放时，需要依次输入参照长度值和新的长度值，AutoCAD 2016 根据参照长度值和新长度值自动计算比例因子。

任务 6.9　拉 伸 命 令

"拉伸"命令可以对对象进行拉伸或压缩，改变对象的形状和大小。使用该命令时必须用交叉选择方式选取对象，与选取窗口相交的对象将产生拉伸或压缩变化，完全在选取窗口内的对象将发生移动。在编辑时，不应全部选中目标，否则只能移动，不能拉伸。

操作方法：在命令行中输入"Stretch"，按＜Enter＞键；单击"修改"面板中的"拉伸"按钮 ；调用"修改→拉伸"菜单命令。

采用上述任何一种方法后，命令行提示如下：

命令：Stretch

以交叉窗口或交叉多边形选择要拉伸的对象…

选择对象：（用交叉选择方式选取对象）

指定基点或［位移（D）］＜位移＞：（选择基点）

指定第二点或＜使用第一点作为位移＞：（拾取第二点，两点之间的位移即为拉伸长度）

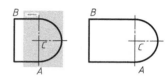

图 6-14　拉伸图形

【例 6-5】　将图 6-14 中左边的图形拉伸成右边的形状，拉伸长度为 10mm。

具体步骤如下：

1）选择"拉伸"命令。

2）用交叉选择方式先后拾取 A 点和 B 点，按＜Enter＞键。

3）捕捉 C 点作为基点。

4）水平向右移动指针后输入拉伸长度 10，按＜Enter＞键。

任务 6.10　修 剪 命 令

"修剪"命令是将超出边界的多余部分修剪删除掉，它与橡皮擦的功能相似。

操作方法：在命令行中输入"Trim"，按＜Enter＞键；单击"修改"面板中的"修剪"按钮 ；调用"修改→修剪"菜单命令。

采用上述任何一种方法后，命令行提示：

命令：Trim

选择剪切边 ...

选择对象或＜全部选择＞：（选择剪切边界，按＜Enter＞键结束边界的选择）

选择要修剪的对象，或按住＜Shift＞键选择要延伸的对象，或［栏选（F）/窗交（C）/投影（P）/边（E）/删除（R）/放弃（U）］：（拾取要修剪的对象）

注意：若要快速修剪，可以在选择剪切边界时，不论是剪切边界还是要修剪的对象，都用窗口方式全部选中，按＜Enter＞键后再选择要修剪的对象。

【例 6-6】　将图 6-15 中左边的形状修剪成右边的形状。

具体步骤如下：

1）选择"修剪"命令。

2）用窗口方式将左边图形全部选中。

3）分别拾取要修剪的对象。

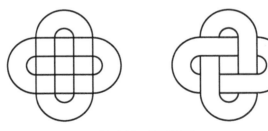

图 6-15　修剪图形

任务 6.11　延伸命令

"延伸"命令可将对象延伸到指定的边界。可以作为延伸对象的有直线、圆弧、圆、椭圆、多段线和样条曲线等。

操作方法：在命令行中输入"Extend"，按＜Enter＞键；单击"修改"面板中的"延伸"按钮---/；调用"修改→延伸"菜单命令。

采用上述任何一种方法后，命令行提示：

命令：Extend

选择边界的边 …

选择对象或＜全部选择＞：（选择需要延伸的边界，按＜Enter＞键结束边界的选择）

选择要延伸的对象，或按住＜Shift＞键选择要修剪的对象，或［栏选（F）/窗交（C）/投影（P）/边（E）/放弃（U）］：（拾取需要延伸的对象）

【例 6-7】　如图 6-16 中左图所示，将线段 1 延伸到与边界线 2 相交，结果如右图所示。具体步骤如下：

1）选择"延伸"命令。

2）拾取边界线 2。

3）拾取线段 1。

图 6-16　延伸命令的应用

任务 6.12　打断命令

"打断"命令可将两点之间多余线段切掉或将对象切断成两个。该命令只能打断单独的线条，而不能打断组合形体，如图块等。

操作方法：在命令行中输入"Break"，按＜Enter＞键；单击"修改"面板中的"打断"按钮🔲；调用"修改→打断"菜单命令。

采用上述任何一种方法后，命令行提示：

命令：Break

选择对象：（选择断开对象，该选择点也可以作为对象的第一断开点）

指定第二打断点 或［第一点（F）］：（拾取对象第二断开点，该点可以不在对象上，会自动捕捉最近的点）

【例6-8】 将图6-17所示水平中心线打断。

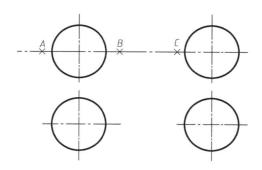

图6-17　打断对象

具体步骤如下：

1）选择"打断"命令。

2）选择断开点 *A*。

3）将指针向左移动到中心线端点以外单击。

4）选择"打断"命令。

5）选择断开点 *B*。

6）选择断开点 *C*。

任务6.13　倒角命令

"倒角"命令用于将两条非平行直线或线段做出有斜度的倒角，在机械绘图中较常用。

操作方法：在命令行中输入"Chamfer"，按＜Enter＞键；单击"修改"面板中的"倒角"按钮，调用"修改→倒角"菜单命令。

采用上述任何一种方法后，命令行提示：

命令：Chamfer

当前倒角距离 1=0.0000，2=0.0000（"修剪"模式）

选择第一条直线或［放弃（U）/多段线（P）/距离（D）/角度（A）/修剪（T）/方式（E）/多个（M）］：

"多段线（P）"选项：以当前设置的倒角大小对多段线的各顶点倒角；"距离（D）"选项：按照重新设置的倒角距离倒角；"角度（A）"选项：按照倒角距离和角度倒角；"修剪（T）"选项：设置倒角后是否保留原拐角边。其中，选择"修剪（T）"选项，表示对倒角边进行修剪；选择"不修剪（N）"选项，表示对倒角边不进行修剪。（选择倒角的一条边）

选择第二条直线，或按住＜Shift＞键选择要应用角点的直线：（选择倒角的另一条边）

【例6-9】 对图6-18所示长方形进行倒角操作。

具体步骤如下：

1）A 处。选择"倒角"命令→ D ∠→ 20 ∠→∠→选择倒角的一条边→选择倒角的另一条边。

2）B 处。选择"倒角"命令→ D ∠→ 20 ∠→ 30 ∠→选择倒角的竖直边→选择倒角的水平边。

3）C 处。选择"倒角"命令→ A ∠→ 20 ∠→ 30 ∠→选择倒角的水平边→选择倒角的竖直边。

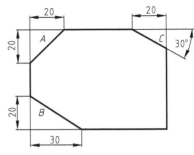

图 6-18 "倒角"命令的应用

任务 6.14 圆角命令

圆角与倒角类似，它是将两条相交的直线通过一个圆弧连接起来。"圆角"命令的使用分为两步：第一步确定圆角大小，通常用"半径"表示；第二步确定两条需要进行圆角操作的边。

操作方法：在命令行中输入"Fillet"，按＜ Enter ＞键；单击"修改"面板中的"圆角"按钮；调用"修改→圆角"菜单命令。

采用上述任何一种方法后，命令行提示：

命令：Chamfer

当前设置：模式 = 修剪，半径 =0.0000

选择第一个对象或［放弃（U）/ 多段线（P）/ 半径（R）/ 修剪（T）/ 多个（M）］："多段线（P）"选项：以当前设置的圆角半径对多段线的各顶点加圆角；"半径（R）"选项：按照指定半径大小把已知对象光滑连接起来；"修剪（T）"选项：设置圆角后是否保留原拐角边。其中选择"修剪（T）"选项，表示加圆角后不保留源对象，对倒圆角边进行修剪；选择"不修剪（N）"选项，表示保留源对象，不进行修剪）

选择第一个对象或［放弃（U）/ 多段线（P）/ 半径（R）/ 修剪（T）/ 多个（M）］：（拾取倒圆角的第一个对象）

选择第二个对象，或按住＜ Shift ＞键选择要应用角点的直线：（拾取倒圆角的第二个对象）

【例 6-10】 按给定的圆角半径倒圆角，如图 6-19 所示。

具体步骤如下：

1）选择"圆角"命令。

2）R ∠→ 15 ∠。

3）选择倒圆角的一条边。

4）选择倒圆角的另一条边。

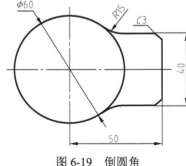

图 6-19 倒圆角

任务 6.15 分解命令

"分解"命令是将某些特殊的对象分解成多个独立的部分，以便于更具体地进行编辑，主要用于将多段线、矩形、正多边形、图块、剖面线、尺寸和多行文字等含多项内容的一个整体对象分解成若干个独立的对象。分解后的对象，其颜色、线宽和线型都可能发生变化。

操作方法：在命令行中输入"Explode"，按＜Enter＞键；单击"修改"面板中的"分解"按钮 🔲；调用"修改→分解"菜单命令。

采用上述任何一种方法后，命令行提示：

命令：Explode

选择对象：（选择需要分解的对象）↙

任务 6.16　夹点的编辑

夹点实际上就是对象上的控制点。在不执行任何命令的情况下选择对象时，图形上会出现若干个小方框，这些小方框用来标记被选中对象的夹点。利用这些夹点可以对图形进行拉伸、移动、旋转、缩放和镜像等操作。在默认情况下，夹点是被打开的。用户可以通过"选项"对话框中的"选择"选项卡来设置夹点的显示和大小。

1. 利用夹点拉伸对象

在不执行任何命令的情况下，选择对象后会出现夹点，单击其中任意一个夹点，该夹点被作为拉伸的基点，用户可以快速方便地拉伸所选对象。

如图 6-20 所示，中心线不够长，可以利用夹点拉伸，使中心线符合标准要求。

a) 拉伸前的中心线　　　　　　　　　b) 拉伸后的中心线

图 6-20　利用夹点拉伸对象

2. 利用夹点移动对象

移动对象仅仅是位置平移，而不会改变对象的大小和方向。在夹点编辑模式下，在命令行中输入"Move"进入移动模式，指定基点后选择第二点，即以基点为移动的起点，以第二点为终点，将所选对象移动到新的位置。

如图 6-21 所示，可以利用夹点的"移动"命令改变圆孔在圆盘上的位置。

a) 移动前圆孔的位置　　　　　　　　　b) 移动后圆孔的位置

图 6-21　利用夹点移动对象

3. 利用夹点旋转对象

在夹点编辑模式下，在命令行中输入"Rotate"，进入旋转模式，确定基点后，输入旋转角度值，即可将对象绕基点旋转指定的角度。

如图 6-22 所示，利用夹点的"旋转"命令可以旋转中心线，改变其位置。

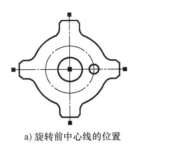

a) 旋转前中心线的位置　　　　　　b) 旋转后中心线的位置

图 6-22　利用夹点旋转对象

4. 利用夹点缩放对象

在夹点编辑模式下，在命令行输入"Scale"，进入缩放模式，确定基点后，输入缩放比例因子，即可相对基点进行缩放对象的操作。

如图 6-23 所示，利用夹点的"比例缩放"命令可以缩放圆盘上中孔的大小。

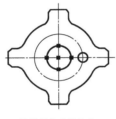 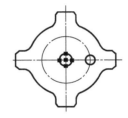

a) 缩放前中孔的大小　　　　　　b) 缩放后中孔的大小

图 6-23　利用夹点缩放对象

5. 利用夹点镜像对象

在夹点编辑模式下，在命令行中输入"Mirror"，进入镜像模式，确定镜像线上的第 1 点、第 2 点后，即可对对象进行镜像操作。

任务 6.17　边界和面域

6.17.1　边界

使用"边界"命令可以将二维闭合图形转换为多段线对象或面域对象类型。转换为多段线或面域后，可以计算它们的面积。

操作方法：在命令行中输入"Boundary"，按＜ Enter ＞键；调用"绘图→边界"菜单命令。

【例 6-11】　创建边界。

具体步骤如下：

1）选择"边界"命令，弹出"边界创建"对话框，如图 6-24 所示。

2）在对话框中的"对象类型"下拉列表框中选择对象类型（多段线或面域）。

3）在对话框中单击"拾取点"按钮。

4）选取封闭区域内的一点。

5）按＜ Enter ＞键结束选择，完成对封闭边界的创建，如图 6-25 所示。

图 6-24　"边界创建"对话框

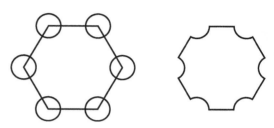

图 6-25　边界示例

6.17.2　面域

"面域"命令用于将二维闭合图形转换为面域对象，二维图形可以由直线、多段线、圆、圆弧、椭圆或样条曲线组合而成。形成面域后，可以计算它们的面积。

操作方法：在命令行中输入"Region"，按＜ Enter ＞键；单击"绘图"面板中的"面域"按钮 ；调用"绘图→面域"菜单命令。

【例 6-12】　创建面域，如图 6-26 所示。

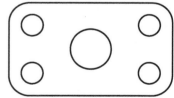

具体步骤如下：

1）选择"面域"命令。

2）选择要创建的面域对象。

3）按＜ Enter ＞键结束选择，完成对 6 个封闭图形面域的创建。

图 6-26　创建面域

任务 6.18　图案填充

图案填充是指用某种图案充满图形中指定的区域，它们描述了对象材料的特性，并增加了图形的可读性。

在机械制图中，经常使用"图案填充"命令创建特定的图案，对其剖面或某个区域进行填充标识。AutoCAD 2016 中提供了多种标准的填充图案和渐变样式，用户还可根据需要自定义图案和渐变样式。此外，也可通过填充工具控制图案的疏密、剖面线及倾斜角度。目前，图案填充广泛应用在机械图、建筑图和地质构造图等各类图样中。

"图案填充"命令可以用图案或渐变色来填充封闭区域或选定对象。

操作方法：在命令行中输入"Hatch"，按< Enter >键；单击"绘图"面板中的"图案填充"按钮▨；调用"绘图→图案填充"菜单命令。

采用上述任何一种方法后，都会弹出"图案填充创建"选项板，如图 6-27 所示。用户可根据需要选择相应的填充方式。

图 6-27 "图案填充创建"选项板

（1）图案选择 在选项板的"图案"面板中，可以选择填充图案的类型。单击"图案"面板按钮 ▾，展开列表框，如图 6-28 所示。AutoCAD 2016 为了满足各行业的需要设置了许多填充图案，用户可以在其中选择需要的填充图案。比较常用的填充图案有用于单色填充的 SOLID 样式和用于绘制剖面线的 ANSI31 样式。

1）选择图案填充类型。"特性"面板的"图案填充类型"下拉列表框用于设置填充图案类型，其中提供了 4 种图案类型，其含义如下：

实体：选择该选项，可以自动选择"SOLID"纯色图案进行填充操作。

渐变色：选择该选项，可以选择两种颜色之间的渐变色效果进行填充操作。

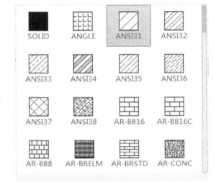

图 6-28 "图案"列表框

图案：选择该选项，可以使用 AutoCAD 2016 自带的填充图案，包括 50 多种行业标准和 14 种 ISO 标准的填充图案，通常选择此选项就能满足用户的要求。

用户自定义：基于图形的当前线型创建直线图案，可以控制用户定义图案中直线的角度和距离，下拉列表框用于设置填充图案的类型，其中提供了多种填充图案类型。

2）设置图案填充属性。

在选项板"特性"面板中，可以设置填充图案的倾斜角度、疏密程度以及图案填充原点等属性。

角度：改变选定图案填充的线型角度。系统默认现有剖面线的角度为 0°，与水平线向右成 45°，若要使剖面线方向与水平线向左成 45°，应将"角度"文本框中的值改变成 90°或 −90°。

比例：放大或缩小预定义或自定义图案。比例数值越大，填充的图案越稀疏；比例数值越小，填充的图案越稠密。图 6-29 所示为不同角度和比例的图案填充效果。

注意：在进行图案填充时，若命令行提示"图案

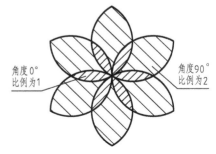

图 6-29 不同角度和比例的图案填充效果

填充间距太密，或短划尺寸太小"或"无法对边界进行图案填充"等类似信息，表示比例不正确，需要根据绘图区的图形界限调整比例。

（2）创建填充边界　图案的填充边界可以是圆、矩形等封闭对象，也可以是由直线、多线段、圆弧等首尾相连而形成的封闭区域。单击"图案填充创建"选项板左侧的"边界"按钮 边界 ▼，弹出"边界"面板，如图 6-30 所示，展开区域即为创建填充边界的选项。

创建填充边界的选项一般保持默认值即可。如果对填充方式有特殊的要求，可对相应选项进行设置。

图 6-30　展开"边界"面板

"拾取点"按钮 ：围绕指定点构成封闭区域的现有对象确定边界。选择该按钮，系统提示拾取内部点，在要进行图案填充的区域内单击，按< Enter >键，效果如图 6-31 所示。

"选择边界对象"按钮 ：根据构成封闭区域的选定对象确定边界。选择该按钮，系统提示选择对象，选择填充区域的对象，按< Enter >键，效果如图 6-32 所示。

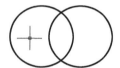
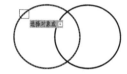

图 6-31　拾取内部点填充效果　　　　　　图 6-32　添加选择对象填充效果

"删除边界对象"按钮 ：可以从边界定义中删除以前添加的任何对象。

（3）选项　关联：指填充图案与其边界相关联，修改边界时，填充图案也将自动更新。图 6-33 所示为关联和非关联填充效果。

a) 关联填充　　　　　　　　　　　　　　　　　b) 非关联填充

图 6-33　关联和非关联填充

（4）渐变色　渐变色填充可以创建前景色或双色渐变色来填充图案。

调用"绘图→渐变色"菜单按钮 ，打开"图案填充创建"选项板，如图 6-34 所示。通过该选项板可以在指定对象上创建具有渐变色的填充图案。渐变色填充在两种颜色之间，或者一种颜色的不同灰度之间过渡。

图 6-34　"图案填充创建"选项板

【例 6-13】 绘制螺孔剖面线，如图 6-35 所示。

具体步骤如下：

1）绘制全部轮廓线，因只能在封闭边界内填充图案，所以先画出辅助线使图形成封闭状态。

2）选择"图案填充"命令，选择填充图案为 ANSI31 型，给出角度和比例。

3）单击"拾取点"按钮 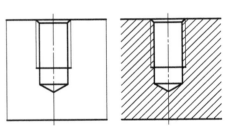，选中全部要填充的区域后按＜ Enter ＞键，单击"确定"按钮。

图 6-35 剖面线画法

4）画完剖面线后删除辅助线。

任务 6.19 编辑命令综合应用

利用"删除""修剪""镜像""圆角""旋转""阵列编辑"命令完成图 6-36 所示的花朵图案，绘制过程如图 6-37 所示。不标注尺寸，比例为 1 ：1。

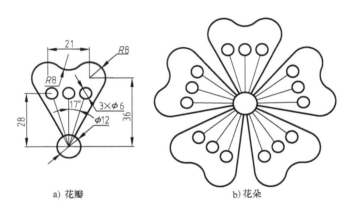

a) 花瓣　　　　　　　　b) 花朵

图 6-36 花朵图案

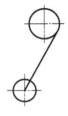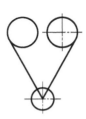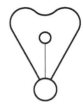

a) 绘制圆及切线　　b) 复制左边图形　　c) 修剪多余图线　　d) 绘制花蕊　　e) 完成单个花瓣

图 6-37 花朵绘制过程

具体步骤如下：

1）设置绘图环境。

2）选择"圆""直线"命令绘制 ϕ12mm、R8mm 圆弧以及切线，如图 6-37a 所示。

3）选择"镜像"命令，对称复制出左边图形，如图 6-37b 所示。

4）选择"圆角"命令，把两已知圆弧用 $R8mm$ 的圆弧光滑连接起来，选择"修剪"命令删除多余图线，如图 6-37c 所示。

5）选择"直线"和"圆"命令绘制花蕊，如图 6-37d 所示。

6）选择"旋转"命令复制中间的花蕊后旋转，分别旋转 17°和 –17°，如图 6-37e 所示。

7）选择"阵列"命令，把单个花瓣按照环形阵列，得到图 6-36b 所示的效果。

任务 6.20　上机练习

6.20.1　练习目的

1）熟练掌握绘图命令的功能及操作方法。

2）掌握"复制""偏移""镜像""阵列""移动""旋转""拉伸""修剪""打断""倒角""倒圆"图形编辑命令的操作方法。

3）掌握用"对象捕捉"命令精确点定位的操作方法。

6.20.2　练习要求

1）绘制图 6-38 ～图 6-46 所示的平面轮廓（选做）。

2）不标注尺寸，不填写标题栏。

3）布图均匀，作图准确。

6.20.3　绘图方法和步骤

1）创建一个新图形文件；设置图形界限；设置图层；绘制图框、标题栏。

2）绘制图号为 07 的平面轮廓。

①选择"正多边形"命令，绘制正六边形。

②选择"旋转"命令，将正六边形逆时针方向旋转 30°。

③利用交轨法确定 $R48mm$ 圆弧的、$R74mm$ 圆弧的圆心，选择"圆"命令绘制。

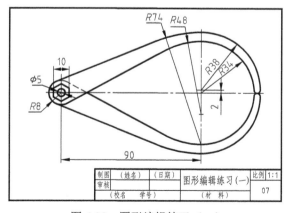

图 6-38　图形编辑练习（一）

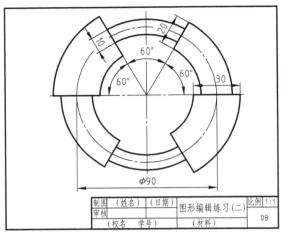

图 6-39　图形编辑练习（二）

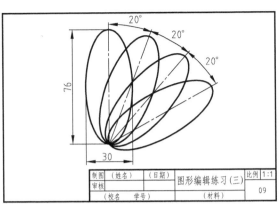

图 6-40　图形编辑练习（三）

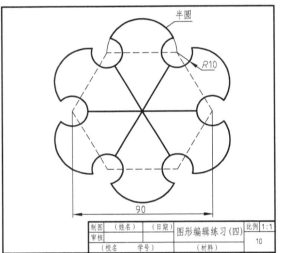

图 6-41　图形编辑练习（四）

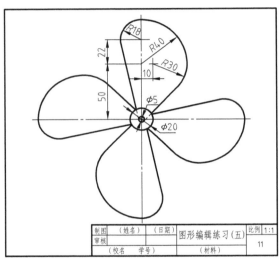

图 6-42　图形编辑练习（五）

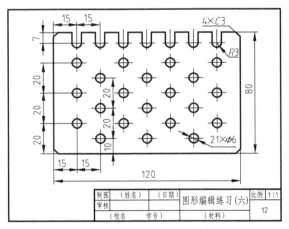

图 6-43　图形编辑练习（六）

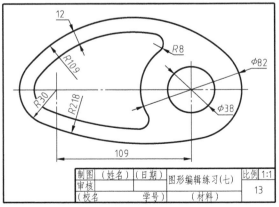

图 6-44　图形编辑练习（七）

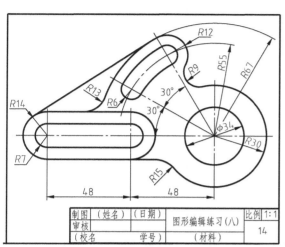

图 6-45　图形编辑练习（八）

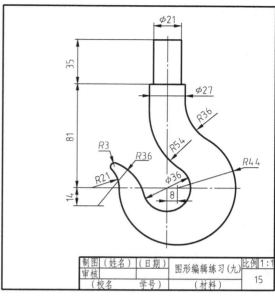

图 6-46　图形编辑练习（九）

④ 选择"直线"命令，绘制切线。

⑤ 选择"修剪"命令，修剪图形。

⑥ 选择"镜像"命令，将图形对称复制。

⑦ 选择"偏移"命令，将图形偏移复制。

⑧ 选择"打断"命令，对中心线进行修改。

3）绘制图号为 11 的平面轮廓。

① 选择"圆"命令，绘制 ϕ5mm、ϕ20mm、R30mm、R40mm、R18mm 的圆。

② 选择"直线"命令，绘制切线。

③ 选择"修剪"命令，修剪图形。

④ 选择"阵列"命令，将图形环形阵列。

⑤ 选择"打断"命令，对中心线进行修改。

4）绘制图号为 13 的平面图形。

① 选择"圆"命令，绘制 ϕ38mm、ϕ82mm、R30mm 的圆。

② 选择"圆"命令中的 TTR（相切、相切、半径）方式，绘制 R218mm、R109mm 的圆。

③ 选择"修剪"命令，修剪图形。

④ 选择"偏移"命令，完成内部偏移复制。

⑤ 选择"圆角"命令，完成 R8mm 圆弧的绘制。

项目 7

文字

文字是 AutoCAD 2016 图形中很重要的元素，是工程图样中不可缺少的组成部分。为了完整地表达设计思想，除正确地用图形表达物体的形状、结构外，还要在图样中标注尺寸、注写技术要求和填写标题栏等，这些内容都要注写文字或数字。本项目重点介绍文字样式的创建，以及运用单行文字和多行文字命令在图形中注写文本，并对文本进行编辑的方法。

学习提要

- 文字样式创建
- 在图形中注写文字
- 文字的编辑

任务 7.1　创建文字样式

在图形中注写文字时，首先要确定采用的字体、字高及放置方式，这些参数的组合称为样式。AutoCAD 2106 为用户提供了一个 Standard 的文字样式，用户可采用这个标注样式输入文字。此外，用户也可以根据实际需要利用"文字样式"功能创建一个新的样式或修改已有的样式。用户可以建立多个文字样式，但只能选择其中一个为当前样式，样式名与字体名要一一对应，文字的标注要符合相应的制图标准。

操作方法：在命令行中输入"Style"，按 < Enter > 键；单击"注释"面板中的"文字样式"按钮 **A**；调用"格式→文字样式"菜单命令。

1. "文字样式"对话框

采用上述任何一种方法后，都会弹出"文字样式"对话框，如图 7-1 所示。

（1）"样式"选项区域　显示文字样式名、添加新样式、重命名及删除现有样式。

（2）"字体"选项区域　设置文字样式。

"字体名（F）"下拉列表框：在此下拉列表中罗列了所有的字体。带有双 T 标志的字体是 Windows 系统提供的 TrueType 字体，其他字体是 AutoCAD 2016 自己的字体（*.shx），其中 gbenor.shx 和 gbeitc.shx（斜体西文）字体是符合国家标准的工程字体。

"使用大字体"复选框：大字体是指专为亚洲国家设计的文字字体。其中，gbcbig.shx 字体是符合国家标准的工程汉字字体，该字体文件还包含一些常用的特殊符号。由于 gbcbig.shx 中不包含西文字体定义，所以，使用时可将其与 gbenor.shx 和 gbeitc.shx 字体配合使用。

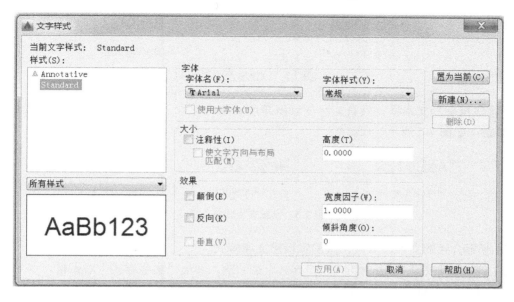

图 7-1　"文字样式"对话框

（3）"大小"选项区域　如果将文字的高度设置为0，则在使用"Text"命令进行标注时，将提示指定文字的高度；如果在文本框中输入高度值，则在标注时按此高度标注，不再提示指定高度。

（4）"新建"按钮　单击此按钮，可以创建新文字样式。

（5）"删除"按钮　在"样式"列表框中选择一个文字样式，再单击此按钮，就可以将该文字样式删除。当前样式和正在使用的样式不能被删除。

（6）"效果"选项区域

"颠倒"复选框：设置是否将文字上下颠倒显示。该复选框仅影响单行文字，如图 7-2 所示。

AaBb123

a) 未勾选"颠倒"复选框

b) 勾选"颠倒"复选框

图 7-2　"颠倒"复选框

"反向"复选框：设置是否将文字首尾反向显示。该选项仅影响单行文字，如图 7-3 所示。

AaBb123

a) 未勾选"反向"复选框

b) 勾选"反向"复选框

图 7-3　"反向"复选框

"宽度因子"文本框：设置文字的宽度与高度比。若输入小于 1 的数值，则文本将变窄，否则文本变宽，如图 7-4 所示。

AaBb123   AaBb123

a) 宽度因子为1   b) 宽度因子为0.7

图 7-4   调整宽度因子

"倾斜角度"文本框：设置文字的倾斜角度。角度值为正时文字向右倾斜，为负时文字向左倾斜，如图 7-5 所示。

a) 倾斜角度为 0°   b)倾斜角度为 30°   c)倾斜角度为 -30°

图 7-5   设置文字倾斜角度

2. 根据介绍的文字样式来创建国家标准文字样式。

1）单击"注释"面板中的"文字样式"按钮，弹出"文字样式"对话框。

2）单击"新建"按钮，弹出"新建文字样式"对话框，如图 7-6 所示。在"样式名"文本框中输入文字样式名称"工程文字"，单击"确定"按钮，返回"文字样式"对话框。

图 7-6   "新建文字样式"对话框

3）在"SHX 字体"下拉列表框中选择 gbenor.shx 或 gbeitc.shx 字体，再勾选"使用大字体"复选框，然后在"大字体"下拉列表框中选择 gbcbig.shx 字体。设置后的工程文字样式对话框如图 7-7 所示。

4）单击"应用"按钮，再单击"关闭"按钮，关闭"文字样式"对话框。

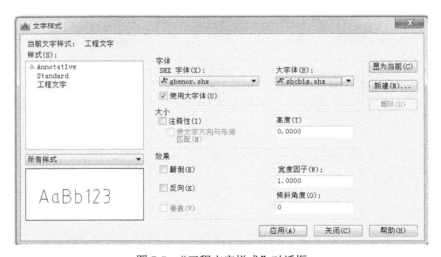

图 7-7   "工程文字样式"对话框

任务 7.2　创建单行文字

建立文字样式后，就可以调用相关命令输入文字。根据输入形式的不同，可以分为单行文字输入和多行文字输入两种方式，下面先介绍单行文字的创建与编辑方法。

使用创建单行文字命令可按指定的文字样式、位置和角度书写一行或多行文字。

操作方法：在命令行中输入"Dtext"（文字），按＜ Enter ＞键；单击"文字"面板中的"单行文字"按钮 **A**；调用"绘图→文字→单行文字"菜单命令。

采用上述任何一种方法后，都会在命令行提示：

命令：Dtext

当前文字样式："工程文字"文字高度：3.5

指定文字的起点或［对正（J）/样式（S）］：（单击 A 点，如图 7-8 所示）

（若输入"J"，按＜ Enter ＞键，可以设置文字的对齐方式）

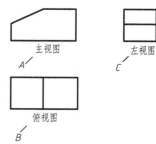

图 7-8　创建单行文字

（若输入"S"，按＜ Enter ＞键，可以设置当前使用的文字样式）

指定高度＜ 3.5 ＞:5 ✓

指定文字的旋转角度＜ 0 ＞：✓

（输入文字"主视图"）

（在 B 点处单击，输入文字"俯视图"；在 C 点处单击，输入文字"左视图"。按＜ Enter ＞键结束命令）

任务 7.3　单行文字中加入特殊字符

工程图中用到的许多符号都不能通过标准键盘直接输入，如文字的下划线、直径代号等。当用户利用"DTEXT"命令创建文字注释时，必须输入特殊的代码来产生特定的字符，这些代码及其含义见表 7-1。

表 7-1　特殊代码及其含义

特殊代码	含　　义
%%o	打开、关闭文本上划线
%%u	打开、关闭文本下划线
%%d	添加角度单位符号"°"
%%p	添加正负公差符号"±"
%%c	添加直径符号"ϕ"
%%%	添加百分比符号"%"

使用表中代码生成特殊字符的样例如图 7-9 所示。

添加%%u 特殊%%u 字符	添加<u>特殊</u>字符
%%c30%%p0.010	φ30±0.010
45%%d	45°

图 7-9　创建特殊字符

任务 7.4　创建多行文字

"多行文字"（MTEXT）命令常用于创建字数较多、字体变化较为复杂，甚至字号不一的文字标注，与"单行文字"命令不同的是，"多行文字"命令创建的文字整体是一个文字对象，每一单行不再是单独的文字对象，也不能单独编辑。

"MTEXT"命令可以创建复杂的文字说明，用该命令生成的文字段落称为多行文字，是一种方便管理的文字对象，它可由任意数目的文字行组成，所有文字构成一个单独的实体。使用"MTEXT"命令时，用户可以指定文本分布的宽度，但文字沿竖直方向可无限延伸。另外，用户还能设置多行文字中单个字符或某一部分文字的属性（包括文本的字体、倾斜角度和高度等）。

操作方法：在命令行中输入"Mtext"，按< Enter >键；单击"文字"面板中的"多行文字"按钮 A；调用"绘图→文字→多行文字"菜单命令。

采用上述任何一种方法后，都会在命令行提示：

命令：Mtext

当前文字样式："工程文字"文字高度：5

指定第一角点：（指定矩形窗口第一角点）

指定对角点或［高度（H）/对正（J）/行距（L）/旋转（R）/样式（S）/宽度（W）/栏（C）］：（指定矩形窗口另一角点）

在绘图窗口中指定矩形区域用来放置多行文字，这时会打开多行文字编辑器，如图 7-10 所示。利用该编辑器可以设置多行文字的样式、字体及大小等属性。它的功能非常直观，就如 Word 一样。下面主要说明以下几点：

图 7-10　多行文字编辑器

（1）"堆叠"按钮 用于创建堆叠文字（如分数）。在使用时，需要分别输入分子和分母，其间用"/""#""^"分隔，然后选择这一部分文字，单击"堆叠"按钮 即可。

例如，创建 $\phi14\dfrac{H7}{k6}$，先输入"$\phi14H7/k6$"，然后选中"H7/k6"并单击"堆叠"按钮 ，即可，效果如图 7-11 所示。

创建 $\phi80^{+0.009}_{-0.021}$，先输入"$\phi80+0.009\char94-0.021$"，然后选中"+0.009^−0.021"并单击"堆叠"按钮 即可。

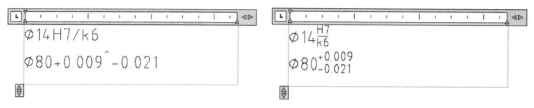

图 7-11 文字堆叠效果

（2）"标尺"按钮 单击该按钮，可以打开或关闭标尺。标尺显示在编辑器顶部，拖动标尺末尾的箭头可更改多行文字对象的宽度和高度，如图 7-12 所示。

图 7-12 标尺

（3）"符号"按钮@ 可以在实际绘图中插入一些特殊的字符。AutoCAD 2016 提供了很多种特殊符号，如图 7-13 所示。选择"其他"命令，弹出"字符映射表"对话框，如图 7-14 所示。在"字体"下拉列表中选择"仿宋"，在对应的列表框中有许多常用的符号可供选择。

度数(D)	%%d
正/负(P)	%%p
直径(I)	%%c
几乎相等	\U+2248
角度	\U+2220
边界线	\U+E100
中心线	\U+2104
差值	\U+0394
电相位	\U+0278
流线	\U+E101
标识	\U+2261
初始长度	\U+E200
界碑线	\U+E102
不相等	\U+2260
欧姆	\U+2126
欧米加	\U+03A9
地界线	\U+214A
下标 2	\U+2082
平方	\U+00B2
立方	\U+00B3
不间断空格(S)	Ctrl+Shift+Space
其他(O)...	

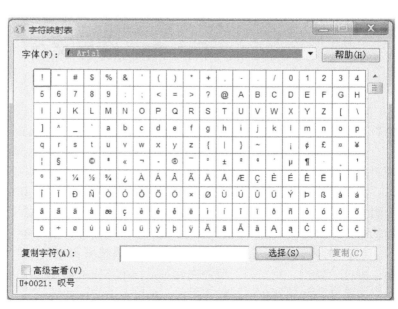

图 7-13 特殊符号   图 7-14 "字符映射表"对话框

（4）"倾斜角度"按钮 $\boxed{0/\ 0.0000\ }$ 用于设置文字的倾斜角度，角度值为正时向右倾斜，为负时向左倾斜。

（5）"追踪"按钮 $\boxed{ab\ 1.0000\ }$ 和"宽度因子"按钮 $\boxed{o\ 1.0000\ }$ "追踪"按钮可用于增大或减小选定字符之间的空间，"宽度因子"按钮可用于扩展或收缩选定字符。

【例 7-1】 创建多行文字，内容如图 7-15 所示。

操作步骤如下

1）创建新文字样式，文字样式名称为"工程文字"，字体分别为 gbenor.shx 和 gbcbig.shx。

2）单击"文字"工具栏中的"多行文字"按钮 **A**，在绘图窗口中指定矩形区域用来放置多行文字。

3）系统弹出多行文字编辑器。在"文字高度"文本框中输入"3.5"，然后在文字输入窗口中键入文字，如图 7-16 所示。

4）拖动标尺上第 1 行的缩进滑块改变第 1 行的缩进位置；选中"技术要求"文字，然后在"文字高度"文本框中输入"5"，按＜Enter＞键，结果如图 7-17 所示。

5）单击多行文字编辑器中的"确定"按钮。

技术要求

1.未注倒角C0.5。

2.未注圆角R2~R3。

3.28~32HRC。

图 7-15　创建多行文字

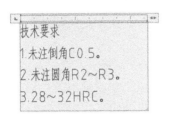

图 7-16　输入文字

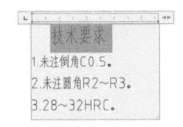

图 7-17　缩进及修改文字高度

任务 7.5　编辑文字

使用"编辑文字"（Ddedit）命令能够完成对文字的修改。

操作方法：在命令行中输入"Ddedit"，按＜Enter＞键；选择"修改→对象→文字→编辑"菜单命令；选中要修改的文字，单击"对象特性"（Properties）按钮 圖。

（1）使用"Ddedit"命令编辑单行或多行文字　选择的对象不同，系统打开的对话框不同。对于单行文字，系统显示文本框，直接在原文字行内修改，修改后在文本框外单击即可；对于多行文字，系统弹出多行文字编辑器，用户在文字窗口内参照多行文字的设置方法编辑文字，修改后单击"确定"按钮。用"Ddedit"命令编辑文本的优点是：此命令连续地提示用户选择要编辑的对象，因而发出一次命令能够修改许多文字对象。

（2）使用"Properties"按钮修改文本　选择要修改的文字后，单击"对象特性"按钮 圖，弹出"特性"对话框。用户在此对话框中不仅能够修改文本的内容，还能编辑文本的其他许多属性，如倾斜角度、对齐方式、高度及文字样式等。

【例 7-2】 给表格添加文字。

具体步骤如下:

1)创建新文字样式,样式名称为"工程文字",字体分别为 gbenor.shx 和 gbcbig.shx。

2)用"Dtext"命令在明细栏底部第 1 行中书写文字"序号",字高 5,结果如图 7-18 所示。

3)用"Copy"命令将"序号"向右复制,结果如图 7-19 所示。

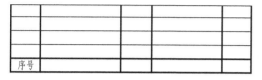

图 7-18 书写文字"序号"

图 7-19 复制对象

4)用"Ddedit"命令修改文字内容,结果如图 7-20 所示。

5)把已经填写的文字向上阵列,结果如图 7-21 所示。

序号	名称	数量	材料	备注

图 7-20 编辑文字内容

序号	名称	数量	材料	备注
序号	名称	数量	材料	备注
序号	名称	数量	材料	备注
序号	名称	数量	材料	备注
序号	名称	数量	材料	备注

图 7-21 阵列文字

6)用"Ddedit"命令修改文字内容,结果如图 7-22 所示。

7)把序号及数量数字移动到表格的中间位置,结果如图 7-23 所示。

4	底座	1	HT200	
3	螺钉	1	45	
2	调节螺母	1	15	
1	顶尖	1	45	
序号	名称	数量	材料	备注

图 7-22 编辑文字内容

4	底座	1	HT200	
3	螺钉	1	45	
2	调节螺母	1	15	
1	顶尖	1	45	
序号	名称	数量	材料	备注

图 7-23 移动文字

任务 7.6 上机练习

7.6.1 练习目的

1)掌握"图案填充"命令的操作方法。

2)掌握创建文字样式的操作方法。

3)掌握书写单行文本和多行文本的操作方法。

7.6.2 练习要求

1)绘制图 7-24 所示的活动钳身(图号 16,A4 图幅横放)。

2)不标注尺寸,填写标题栏,书写技术要求。

3）布图均匀，作图准确。

7.6.3 绘图方法和步骤

1）创建一个新图形文件，设置 A4 图幅（横放）图形界限。

2）设置 5 个图层：粗实线层、细实线层、中心线层、虚线层、尺寸文本层。

3）绘制图框、标题栏。

4）绘制图形。

① 绘制图形定位基准线。

② 绘制轮廓线。

③ 选择"圆角"命令绘制 R3mm 圆角。

④ 绘制螺纹孔，螺纹孔小径为大径的 0.85 倍，螺纹孔深 12mm，光孔深 15mm，螺纹孔锥角为 120°。

⑤ 选择"图案填充"命令绘制剖面线。

5）注写技术要求和填写标题栏。

① 设置文字样式，样式名称为"工程文字"，字体分别为 gbenor.shx 和 gbcbig.shx。

② 用"多行文字"命令书写技术要求，均为 3.5 号字体。

③ 用"单行文字"命令填写标题栏，"活动钳身"为 7 号字体，其余为 3.5 号字体。

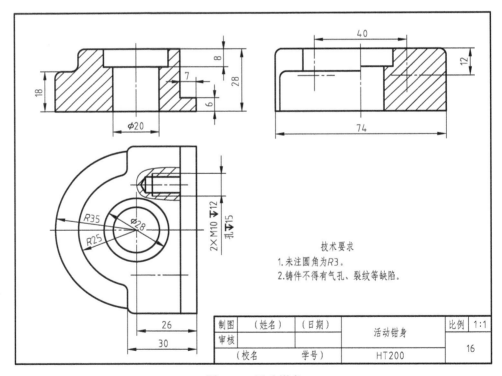

图 7-24　活动钳身

项目 8

尺寸标注

在图形设计中，尺寸标注是一项重要的内容。由于尺寸描述的是零件各部分的真实大小和相对位置关系，因此，可以将尺寸标注看作是零件加工、制造、装配的重要依据。尺寸标注包括标注尺寸和注释。AutoCAD 2016 的尺寸标注命令很丰富，利用它们可以轻松地创建出各种类型的尺寸。所有尺寸与尺寸样式关联，通过调整尺寸样式，就能控制与该样式关联的尺寸标注的外观。

学习提要

- 尺寸标注样式的设置
- 工程中标注尺寸
- 尺寸的编辑

任务 8.1　设置尺寸标注样式

在 AutoCAD 2016 中，使用尺寸标注样式可以控制尺寸标注的格式和外观。因此，在进行尺寸标注前，应先根据制图及尺寸标注的相关规定设置标注样式。AutoCAD 2016 是一个通用绘图软件包，它所预设的尺寸标注样式不完全符合制图国家标准。因此，在标注尺寸之前，用户应该根据需要，自行设置标注样式或修改当前的标注样式，以满足制图国家标准的要求。尺寸标注样式的创建是二维工程图模板的核心，要能使所画的图样符合国家标准及我国工程技术人员的设计习惯，关键在于尺寸标注样式的设置。

尺寸标注是一个复合体，它以块的形式存储在图中，其组成部分包括尺寸线、尺寸线两端的起止符号（箭头或斜线等）、尺寸界线及标注文字等，所有这些组成部分的格式都由尺寸标注样式来控制。在创建标注样式时，主要是基于当前的标注样式进行修改，大部分样式项目都采用默认。在 AutoCAD 2016 中可以定义多种不同的标注样式并为之命名，标注时，用户只需指定某个样式为当前样式，就能创建相应的标注样式。

在进行标注之前，首先要选择一种尺寸标注样式，被选中的标注样式即为当前尺寸标注样式。如果没有选择标注样式，则使用系统默认的标注样式进行尺寸标注。

操作方法：在命令行中输入"Dimstyle"，按< Enter >键；单击"标注"面板中的"标注样式"按钮 ；调用"格式→标注样式"菜单命令。

采用上述任何一种方法后，都将出现图 8-1 所示的"标注样式管理器"对话框。

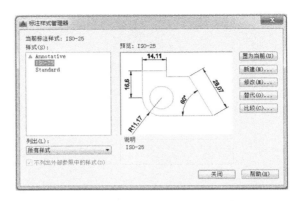

图 8-1 "标注样式管理器"对话框

8.1.1 标注样式管理器

（1）"样式"列表框　用来显示设定的尺寸样式名称。

（2）"预览"选项区域　该区域以图形方式显示已选定的尺寸样式的具体设置。

（3）"置为当前"按钮　单击该按钮，选定的尺寸标注样式供用户当前使用。

（4）"新建"按钮　用来创建新的标注样式。单击该按钮，弹出"创建新标注样式"对话框，如图 8-2 所示。在"新样式名"文本框中输入标注样式名称"基本样式"，单击"继续"按钮，弹出"新建标注样式：基本样式"对话框，如图 8-3 所示。在这个对话框中有 7 个选项卡，利用这 7 个选项卡可以设置不同的尺寸标注样式，从而得到不同外观形式的尺寸标注。

图 8-2 "创建新标注样式"对话框

（5）"修改"按钮　对已设置的标注样式进行必要的修改。

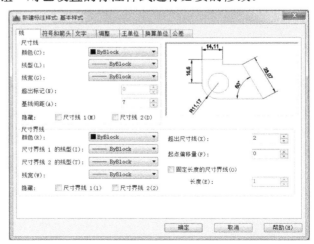

图 8-3 "线"选项卡

（6）"替代"按钮　根据需要设置临时的尺寸标注样式，用于当前标注。当把其他样式置为当前样式时，临时样式自动取消。

（7）"比较"按钮　用于比较两个不同的尺寸标注样式之间的差别。

8.1.2　"线"选项卡

"线"选项卡的设置如图 8-3 所示，使用此选项卡可设置尺寸线和尺寸界线两个要素。

（1）"尺寸线"选项区域

"颜色""线型""线宽"下拉列表框：打开其下拉列表框，可以从中选择所需的选项，通常选用"随块"（By Block）特性。

"基线间距"微调框：使用基线标注，此数值可以控制尺寸线间的距离，其值通常取 7 ～ 10mm。

"隐藏"选项区域：勾选"尺寸线 1"或"尺寸线 2"复选框，可以将尺寸线的前段或后段隐藏起来。

（2）"尺寸界线"选项区域

"颜色""线型""线宽"下拉列表框：通常选用随块特性。

"隐藏"选项区域：勾选"尺寸界线 1"或"尺寸界线 2"复选框，可以将尺寸界线的前端或后端隐藏起来。

"超出尺寸线"微调框：设置尺寸界线超出尺寸线的长度，按照制图国家标准，通常设为 2 ～ 3mm。

"起点偏移量"微调框：设置尺寸界线相对于起点偏移的距离，机械制图中一般设为 0。

8.1.3　"符号和箭头"选项卡

（1）"箭头"选项区域

"第一个""第二个""引线"下拉列表框：可以从下拉列表框中选择一种，通常选择"实心闭合"选项。

"箭头大小"微调框：设置箭头符号大小，按照制图国家标准，通常设为 3 ～ 5mm，与图样大小有关。

（2）"半径折弯标注"选项区域　文本框中填写所需的角度值，用于确定半径标注的尺寸界线和尺寸线横向直线的角度，如图 8-4 所示。

a) 折弯角度为45°　　　　　　　　b) 折弯角度为90°

图 8-4　"折弯角度"结果显示

8.1.4　"文字"选项卡

"文字"选项卡的设置如图 8-5 所示，使用此选项卡可设置尺寸数字要素。

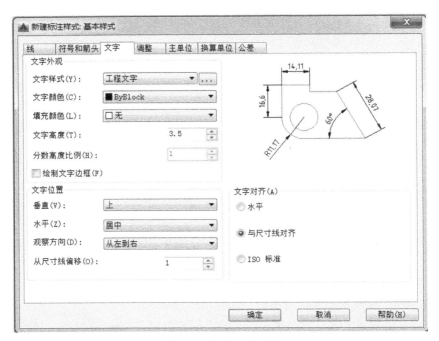

图 8-5 "文字"选项卡

（1）"文字外观"选项区域

"文字样式"下拉列表框：可选择尺寸数字的样式。若需要的样式不存在，则单击右边的按钮 [...] ，弹出"文字样式"对话框，可创建需要的文字类型。

"文字颜色"下拉列表框：通常选用"随块"（By Block）特性。

"填充颜色"下拉列表框：可以选择尺寸文本的背景颜色，一般设置为"无"。

"文字高度"微调框：一般设置为 3.5 号字高，与图样大小有关。

"绘制文字边框"复选框：勾选此复选框，文本周围就会画上一个边框。

（2）"文字位置"选项组

"垂直""水平"下拉列表框：用于控制尺寸数字在竖直和水平方向上相对于尺寸线和尺寸界线的位置。

"从尺寸线偏移"微调框：用于控制尺寸文本与尺寸线保持一定的距离，通常为 1 ～ 2mm。

（3）"文字对齐"选项区域

"水平"单选项：表示所有文本在水平方向标注。

"与尺寸线对齐"单选项：表示尺寸文本与尺寸线平行标注。

"ISO 标准"单选项：当文字在尺寸界线内时，文字与尺寸线对齐；当文字在尺寸界线外时，文字水平排列。

8.1.5 "调整"选项卡

"调整"选项卡的设置如图 8-6 所示，主要用于控制尺寸数字、尺寸线和尺寸箭头等的位置。

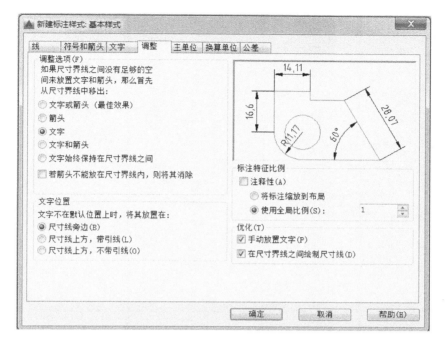

图 8-6　"调整"选项卡

（1）"调整选项"选项区域　点选"文字"单选项，当两尺寸界线之间没有足够空间同时放置文字和箭头时，优先将文字移出去。

（2）"优化"选项区域

"手动放置文字"复选框：勾选该复选框，在标注尺寸时，系统会提示尺寸文本放在什么位置，可以通过鼠标拖动尺寸数字选择合适的放置位置。

"在尺寸界线之间绘制尺寸线"复选框：勾选该复选框，在标注尺寸时，任何时候都会在尺寸界线之间绘制尺寸线。

8.1.6　"主单位"选项卡

"主单位"选项卡可用于设置尺寸标注的数字单位和标注的精度、比例等，以及标注文字的前缀和后缀。在"线性标注"选项区域的"前缀"和"后缀"文本框中可以输入文字或使用控制代码显示特殊符号。例如，输入"%%c"控制代码，则显示直径符号。在"比例因子"微调框内可根据绘图比例设置相应的比例值。例如，当采用 1：1 比例绘图时，"比例因子"设置为 1；当图形比例为 2 放大时，"比例因子"设置为 0.5，此时，图形标注的尺寸数值为原数值，即图形放大，标注的尺寸不放大。

8.1.7　"公差"选项卡

"公差"选项卡如图 8-7 所示，主要用来控制是否标注尺寸公差及设置公差的类型、值和精度。

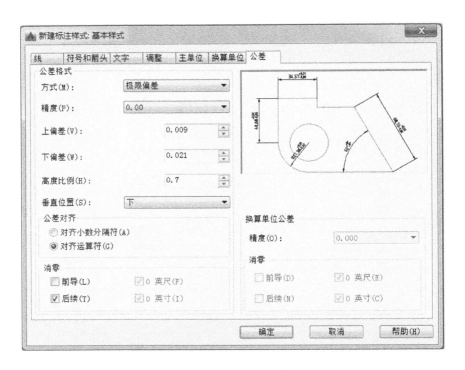

图 8-7 "公差"选项卡

"方式"下拉列表框：在下拉列表框中可以选择公差标注形式，设置计算公差的方法。

"精度"下拉列表框：设置小数点后的位数。

"上偏差"微调框：设置上极限偏差，默认值为正。

"下偏差"微调框：设置下极限偏差，默认值为负，若为正值，则应在前面加负号。

"高度比例"微调框：此处输入的数值等于公差文本与基本尺寸字高的比值。

"垂直位置"下拉列表框：控制尺寸公差文字与基本尺寸文字的对正形式。

8.1.8　创建标注样式实例

为满足不同类型尺寸标注的需要，一般需设置两种标注样式，一种是基本样式，另一种是特殊样式。基本样式用于设置各种类型尺寸的共同部分，而不同部分则分别设置在相应的特殊样式中。

1. 基本样式设置

1）创建新文字样式，样式名为"工程文字"，字体分别为 gbenor.shx 和 gbcbig.shx。

2）单击"标注"面板中的"标注样式"按钮 ，弹出"标注样式管理器"对话框。单击"新建"按钮，弹出"创建新标注样式"对话框，在新样式名文本框中输入"基本样式"后单击"继续"按钮，弹出"新建标注样式：基本样式"对话框。

"线"选项卡："基线间距"设为7；"超出尺寸线"设为2；"起点偏移量"设为0。

"符号和箭头"选项卡："箭头大小"设为3。

"文字"选项卡："文字高度"设为3.5；"从尺寸线偏移"设为1。

"调整"选项卡：在"调整选项"区改选文字选项；"优化"区加选手动放置文字。单击

"确定"按钮返回"标注样式管理器"对话框，基本样式设置完成。

2. 特殊式样设置

特殊式样主要有 3 种，即水平样式、非圆样式、公差样式，它们是一些与基本样式不同的尺寸样式。

（1）水平样式　用于标注角度和尺寸数字水平书写的样式。在"标注样式管理器"对话框中，单击"新建"按钮，以基本样式为模板，在新样式名中输入"水平样式"，单击"继续"按钮（后面介绍的非圆样式和公差样式与之相同，不再复述）。弹出"新建标注样式：水平样式"对话框，选择"文字"选项卡，在"文字对齐"区改选"水平"即可。

（2）非圆样式　用于在非圆上标注圆直径的样式。在"新建标注样式：非圆样式"对话框中选择"主单位"选项卡，"线性标注"区前缀文本框中输入"%%c"，在标注尺寸时，会自动在数字前面加"ϕ"符号。

（3）公差样式　用于标注带公差的尺寸样式。在"新建标注样式：公差样式"对话框中选择"公差"选项卡，"方式"设置为"极限偏差"，"精度"设置为 0.000；在"上偏差"和"下偏差"文本框中输入上、下极限偏差值，"高度比例"设为 0.7。如需要标注下一公差，则在"标注样式管理器"对话框中选择"公差样式"后单击"替代"按钮。注意，不能单击"修改"按钮，否则会影响以前标注好的公差尺寸。

到此为止，基本样式和特殊样式都设置完成。在实际标注时，只要把相应的标注样式设置为当前，即可标注出所需标注的尺寸。

任务 8.2　尺寸标注方法

在了解尺寸标注的相关概念及标注样式的创建和设置方法后，就可以对图形进行尺寸标注了。在进行尺寸标注前，首先要了解常见尺寸标注的类型及标注方式。常见尺寸标注包括线性标注、对齐标注、连续标注、基线标注、角度标注以及直径标注和半径标注等。

8.2.1　线性标注

线性标注可用于标注水平、垂直方向的尺寸。

操作方法：在命令行中输入"Dimlinear"，按＜Enter＞键；单击"注释"面板中的"线性"按钮；调用"标注→线性"菜单命令。

采用上述任何一种方法后，命令行提示如下：

命令：Dimlinear

指定第一条尺寸界线原点或＜选择对象＞：（用捕捉端点或交点的方法拾取第一条尺寸界线起点，也可以直接按＜Enter＞键，用拾取靶拾取所标尺寸的线段）

指定第二条尺寸界线原点：（用捕捉端点或交点的方法拾取第二条尺寸界线起点）

指定尺寸线位置或［多行文字（M）/ 文字（T）/ 角度（A）/ 水平（H）/ 垂直（V）/ 旋转（R）］：

（移动鼠标使尺寸位于合适位置，单击）

（输入"M"后按＜Enter＞键，打开"文字输入"窗口，用户可输入新的标注文字）

（输入"T"后按＜Enter＞键，可以在命令行输入新的尺寸文字）

（输入"A"后按＜Enter＞键，指定标注文字的旋转角度）

（输入"H/V"后按＜Enter＞键，创建水平线性标注或垂直线性标注）

（输入"R"后按＜Enter＞键，指定尺寸线的旋转角度）

【例8-1】 如图8-8所示，标注线性尺寸120、92、46、66。

8.2.2 对齐标注

对齐标注用于标注倾斜对象的真实长度，对齐尺寸的尺寸线平行于倾斜的标注对象。

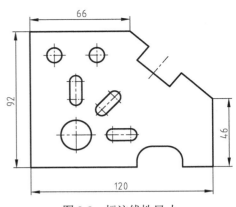

图8-8 标注线性尺寸

操作方法：在命令行中输入"Dimaligned"，按＜Enter＞键；单击"注释"面板中的"对齐"按钮 ；调用"标注→对齐"菜单命令。

采用上述任何一种方法后，命令行提示如下：

命令：Dimaligned

指定第一条尺寸界线原点或＜选择对象＞：（用捕捉端点或交点的方法拾取第一条尺寸界线起点，也可以直接按＜Enter＞键，用拾取靶拾取所标尺寸的线段）

指定第二条尺寸界线原点：（用捕捉端点或交点的方法拾取第二条尺寸界线起点）

指定尺寸线位置或［多行文字（M）/文字（T）/角度（A）］：（移动指针使尺寸位于合适位置，单击）

【例8-2】 如图8-9所示，标注对齐尺寸30、28、12。

8.2.3 连续标注和基线标注

连续标注是一系列首尾相连的标注形式，它将所选择的尺寸界线或者上一个尺寸标注的第二

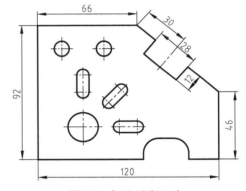

图8-9 标注对齐尺寸

尺寸界线作为自己的第一条尺寸界线，用户直接指定第二个尺寸界线的起点，尺寸线按前一尺寸线的定位点放置。基线标注是指所有的尺寸都从同一点开始标注，它将指定的尺寸界线或者前一个尺寸的第一条尺寸界线作为标注的第一条尺寸界线，用户直接指定第二条尺寸界线的起点，尺寸线方向平行，尺寸线间偏移指定的距离。

连续标注的操作方法：调用"标注→连续"菜单命令后，命令行提示：

命令：Dimcontinue

指定第二条尺寸界线原点或［放弃（U）/选择（S）］＜选择＞：（用捕捉端点或交点的方法拾取第二条尺寸界线的起点，直到标注完连续尺寸后按＜Enter＞键结束，或直接按＜Enter＞键，用拾取靶拾取连续标注点）

基线标注的操作方法：调用"标注→基线"菜单命令后，命令行提示：

命令：Dimbaseline

指定第二条尺寸界线原点或［放弃（U）/选择（S）］＜选择＞：（用捕捉端点或交点的方法拾取第二条尺寸界线的起点，直到标注完基线型尺寸后按＜Enter＞键结束，或直接按＜Enter＞键，用拾取靶拾取基线标注点）

【例 8-3】　如图 8-10 所示，标注连续型尺寸 24、12 等，标注基线型尺寸 16、44 和66 等。

利用夹点编辑方式可以调整尺寸线位置，使小尺寸在里、大尺寸在外。

当用户创建一个尺寸标注后，紧接着调用"基线"或"连续"标注命令，则 AutoCAD

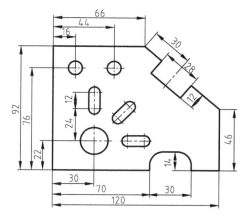

图 8-10　标注连续型和基线型尺寸

2016 将该尺寸的第一条尺寸界线作为基准线生成基线型尺寸，或者以该尺寸的第二条尺寸界线作为基准线建立连续型尺寸。若不想在前一个尺寸的基础上生成连续型或基线型尺寸，就按＜Enter＞键，提示"选择连续标注"或"选择基线标注"，此时，选择某条尺寸界线作为建立新尺寸的基准线。

8.2.4　角度标注

角度标注用于标注圆和圆弧的角度、两非平行直线的角度，或者三点之间的角度。

国家标准规定角度数字一律水平书写，一般标注在尺寸线的中断处，必要时可注写在尺寸线的上方或外面，也可引线标注。为使角度数字的放置符合国家标准，把"水平样式"设置为当前尺寸标注样式。

操作方法：在命令行中输入"Dimangular"，按＜Enter＞键；单击"注释"面板中的"角度"按钮△；调用"标注→角度"菜单命令。

采用上述任何一种方法后，命令行提示如下：

命令：Dimangular

选择圆弧、圆、直线或＜指定顶点＞：（选择圆弧或圆则自动拾取圆心为顶点；选择直线则自动拾取两直线交点为顶点）

指定标注弧线位置或［多行文字（M）/文字（T）/角度（A）/象限点（Q）］：（指定尺寸线位置）

【例 8-4】　如图 8-11 所示，标注角度 45°。

8.2.5　直径标注和半径标注

直径标注用来标注圆或圆弧的直径；半径标注用来标注圆或圆弧的半径。在标注时，系统自动根据用户所选的命令在标注文字前面加入"ϕ"

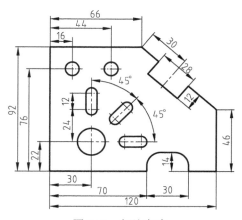

图 8-11　标注角度

或"R"。

实际标注中，直径和半径尺寸标注形式多种多样。若想使尺寸数字与尺寸线平行，则选择"基本样式"为当前尺寸标注样式；若想使尺寸数字水平放置，则把"水平样式"设置为当前尺寸标注样式。

操作方法：在命令行中输入"Dimdiameter"或"Dimradius"，按＜Enter＞键；单击"注释"面板中的"直径"按钮 🚫 或"半径"按钮 🕙；调用"标注→直径"或"标注→半径"菜单命令。

采用上述任何一种方法后，命令行提示如下：

命令：Dimdiameter 或 Dimradius

选择圆弧或圆：（选择要标注的圆或圆弧）

指定尺寸线位置或［多行文字（M）/文字（T）/角度（A）］：（指定尺寸线位置，如果显示的尺寸数字与要标注的不相符，则输入"M"或"T"后重新输入尺寸数字）

【例 8-5】 如图 8-12 所示，标注直径 $\phi20$、$2\times\phi10$；标注半径 $R10$、$R4$。

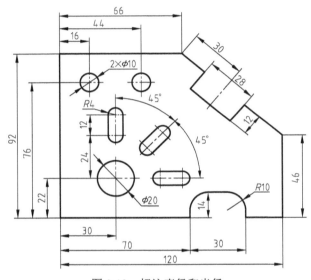

图 8-12　标注直径和半径

任务 8.3　引 线 标 注

在工程中，多重引线常用来指引图形中某个部分的名称或代码。如图 8-13 所示，引线头部主要有箭头、小点和无任何形状 3 种形式。在使用引线标注之前，根据需要创建相应的多重引线样式，标注时，用户只需指定某个样式为当前样式即可。

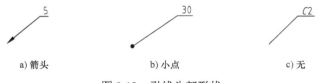

图 8-13　引线头部形状

8.3.1 带箭头引线

调用"格式→多重引线样式"菜单命令，弹出"多重引线样式管理器"对话框，如图8-14所示。单击"新建"按钮，弹出"创建新多重引线样式"对话框，在新样式名文本框中输入"箭头"后单击"继续"按钮，弹出"修改多重引线样式：箭头"对话框（后面介绍的小点和无样式与之相同，不再复述）。

在"引线格式"选项卡（图8-15a）中，将"箭头"选项区域中的"大小"设为3；在"引线结构"选项卡（图8-15b）中，将"设置基线距离"设为0（设为0后，在进行标注时

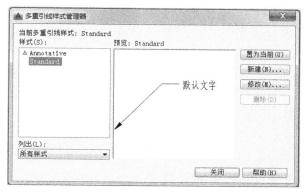

图8-14 "多重引线样式管理器"对话框

可根据实际情况输入基线长度）；在"内容"选项卡（图8-15c）中，"文字样式"选择"工程文字"，"文字高度"设为3.5，连接位置的左和右都改选为"第一行加下划线"，"基线间隙"设为0，设置完成的带箭头引线显示在右侧。

a)"引线格式"选项卡

b)"引线结构"选项卡

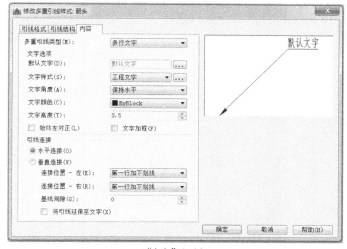

c)"内容"选项卡

图8-15 带箭头引线设置

8.3.2　带小点引线

在带箭头样式的基础上新建小点样式。打开"修改多重引线样式：小点"对话框，在"引线格式"选项卡中，在"箭头"选项区域中的"符号"下拉列表框中选择"小点"即可，如图8-16所示。

图 8-16　带小点引线

8.3.3　引线头部无符号

在标注倒角时，引线头部是没有符号的，所以还要设置一种引线头部无符号的形式。方法是：在带小点引线的基础上，在"引线格式"选项卡中，在"箭头"选项区域的"符号"下拉列表框中选择"无"，如图8-17所示。

图 8-17　引线头部无符号

【例 8-6】　标注倒角 C3，如图 8-18 所示。

1）把引线头部"无"设置为当前标注样式。

2）单击"注释"面板中的"引线"按钮 ⟋，指定引线箭头的位置，指定引线基线的位置，指定基线距离，输入文字，单击"确定"按钮。

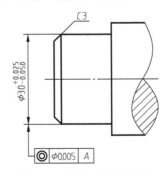

图 8-18　倒角及公差标注

任务8.4　公差标注

在机械图样中，公差标注占有很大的比例。公差分为尺寸公差和几何公差。

8.4.1 尺寸公差标注

尺寸公差可以在"标注样式管理器"中的"公差"选项卡下设置，并利用"替代"方式进行标注；也可以利用"多行文字"选项打开"文字输入"窗口，然后采用堆叠文字方法标注公差。

【例 8-7】 如图 8-18 所示，标注 $\phi 30^{+0.025}_{-0.050}$。

1）把"基本样式"设置为当前标注样式。

2）单击"注释"面板中的"线性"按钮 ⊢⊣，拾取第一条尺寸界线起点，拾取第二条尺寸界线起点，输入"M"并按＜Enter＞键，先输入"φ30+0.025^-0.050"，然后选中"+0.025^-0.050"并单击"堆叠"按钮 ，单击"确定"按钮。

【例 8-8】 标注 $\phi 30 \dfrac{H7}{f6}$。

1）单击"线性"按钮 ⊢⊣，拾取第一条尺寸界线起点，拾取第二条尺寸界线起点。

2）输入"M"并按＜Enter＞键，先输入"φ30H7/f6"，选中"H7/f6"并单击"堆叠"按钮 。

3）选中 $\dfrac{H7}{f6}$ 并单击鼠标右键，在弹出的快捷菜单中选择"堆叠特性"命令，弹出"堆叠特性"对话框，如图 8-19 所示。把"大小"选项由 70% 改为 100%，连续两次单击"确定"按钮。

图 8-19 "堆叠特性"对话框

8.4.2 形位⊖公差标注

形位公差采用快速引线标注。

【例 8-9】 如图 8-18 所示，标注同轴度公差 ◎ φ0.005 A 。

1）在命令行中输入"Qleader"，然后直接按＜Enter＞键，系统弹出"引线设置"对话框，点选"公差"单选项，如图 8-20 所示，单击"确定"按钮。

图 8-20 "引线设置"对话框

⊖ 应为几何公差，为与软件统一，本书采用形位公差。

2）指定第一个引线点，指定下一点，再指定下一点，按< Enter >键。

3）打开"形位公差"对话框（图 8-21），单击"符号"按钮，弹出"特征符号"对话框（图 8-22），选择"同轴度"选项，输入几何公差值（若要标注 φ，则应单击公差前的方框），输入基准符号，单击"确定"按钮。

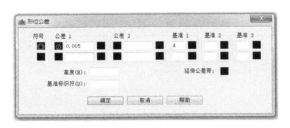

图 8-21 "形位公差"对话框   图 8-22 "特征符号"对话框

任务 8.5   上机练习

8.5.1   练习目的

1）掌握创建尺寸标注样式的操作方法。
2）掌握尺寸标注命令的操作方法。
3）掌握在图样上标注尺寸公差和几何公差的操作方法。
4）掌握编辑、修改尺寸标注的操作方法。

8.5.2   练习要求

1）绘制图 8-24 所示的组合体三视图（图号 17，A4 图幅横放）和图 8-25 所示的法兰盘（图号 18，A4 图幅横放）。
2）标注尺寸，填写标题栏，书写技术要求。

8.5.3   绘图方法和步骤

1）创建一个新图形文件，设置 A4 图幅横放图形界限。
2）设置 5 个图层，分别为粗实线层、细实线层、中心线层、虚线层、尺寸文本层。
3）绘制图框、标题栏。
4）绘制图形。
5）标注尺寸。
① 创建尺寸标注文字样式，样式名称为"工程文字"，字体分别为 gbenor.shx 和 gbcbig.shx。
② 创建基本尺寸标注样式。单击"标注"工具栏中的"标注样式"按钮，弹出"标注样式管理器"对话框。单击"新建"按钮，弹出"创建新标注样式"对话框，在新样式名

【例 8-10】ϕ【例 8-11】$\phi\phi$【例 8-12】$\phi\phi$【例 8-13】【例 8-14】hh 为 h

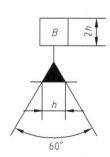

图 8-23　基准符号

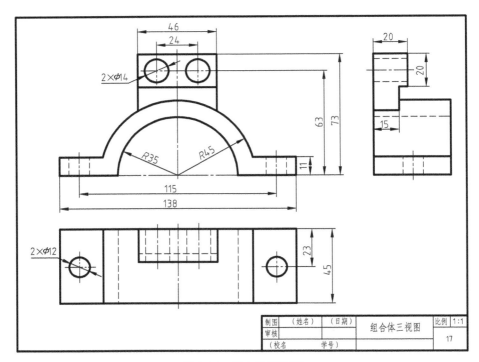

图 8-24　组合体三视图

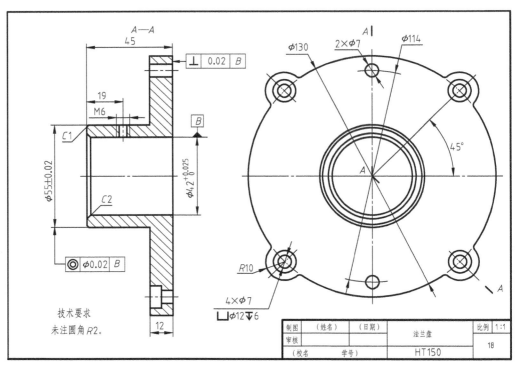

图 8-25　法兰盘

项目 9

图块

在实际工程制图过程中，经常会反复地用到一些常用的图件，如果每用一次这些图件都得重新绘制，势必大大降低工作效率。AutoCAD 2016中引进了一个新的概念——图块，它是一个由一组图形或文本组成并被赋予名称的整体。把图形或文本定义成块后，可以随时将其插入到当前图形中指定的位置，同时还可以对其进行缩放和旋转。

用户可以将经常出现的图形做成块，用插入块的方法来拼图，这样可以避免许多重复性工作，提高绘图效率。标准件和常用件，如螺栓、螺母和轴承等，都可以做成块。在绘制零件图时，可以把表面粗糙度代号做成图块，在需要处插入即可。在绘制装配图时，也可把绘制好的零件图做成图块，这样绘制装配图时就像拼图一样，将这些图块组合在一起即可。

学习提要
- 属性的设置
- 创建图块
- 插入图块

任务 9.1　创建属性块用于表面粗糙度标注

要使用图块，首先要建立图块。可以把多次重复使用的图形符号、部分图形实体、整个视图定义成块。这里以表面粗糙度符号为例，学习如何创建图块。

9.1.1　按照国家标准先画表面粗糙度符号

表面粗糙度符号的规定画法如图9-1所示，其中H_1、H_2的尺寸见表9-1。要设置图块，首先要画出表面粗糙度符号，如图9-2a所示。

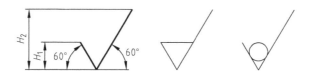

图 9-1　表面粗糙度符号的规定画法

表 9-1　表面结构符号的尺寸　　　　　　　　　　（单位：mm）

数字和字母高度	2.5	3.5	5	7	10	14	20
高度 H_1	3.5	5	7	10	14	20	28
高度 H_2（最小值）	7.5	10.5	15	21	30	42	60

a) 绘制表面粗糙度符号　　　　　b) 定义属性　　　　　c) 创建属性块

图 9-2　绘制带属性表面粗糙度符号的步骤

9.1.2　在表面粗糙度符号上定义属性

表面粗糙度符号上可能有不同的参数值，如果对不同参数值的表面粗糙度符号都单独制成块，很不方便，也是不必要的。为了增强图块的通用性，可以为块附加一些文本信息，即属性，这个属性是变量，用户可以根据需要输入。在定义块之前，要先定义该块的属性，然后将属性和图形一起定义成块。

操作方法：调用"绘图→块→定义属性"菜单命令，弹出"属性定义"对话框，如图9-3 所示。

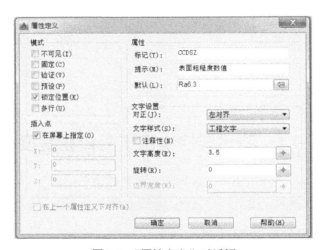

图 9-3　"属性定义"对话框

（1）"标记"文本框　输入字母"CCDSZ"。显示属性的位置，主要用来标记属性。

（2）"提示"文本框　输入"表面粗糙度数值"。在插入块时，在命令提示区提示输入该属性数值。

（3）"默认"文本框　输入"Ra6.3"。属性值的默认值，一般将最常用的数值作为默认值。

（4）"对正"下拉列表框　从下拉列表框中选择"左对齐"选项，这是数值对齐方式。

（5）"文字样式"下拉列表框　从下拉列表框中选择"工程文字"选项。

（6）"文字高度"文本框　在此文本框中输入属性的文字高度 3.5（与尺寸数字高度一致）。

（7）"插入点"选项区域　勾选"在屏幕上指定"复选框。

单击"确定"按钮，切换到绘图窗口，用户在表面粗糙度符号上确定一点，作为属性值的插入点，则表面粗糙度符号上方出现"CCDSZ"字符，如图 9-2b 所示。

9.1.3　定义带有属性的图块

操作方法：调用"绘图→块→创建"菜单命令；单击"块"面板中的"创建"按钮。采用上述任何一种方法后，弹出图 9-4 所示的"块定义"对话框。

图 9-4　"块定义"对话框

（1）"名称"文本框　在此文本框中输入新图块名称"粗糙度"。名称可以包括字母、数字、空格和中文等，不超过 32 位。

（2）"基点"选项区域　勾选"在屏幕上指定"复选框。选择表面粗糙度符号下端点作为块的插入点，插入点应结合图块的具体结构来确定，一般定在特殊位置。

（3）"对象"选项区域　勾选"在屏幕上指定"复选框。将表面粗糙度符号连同属性符号一并选中作为块对象。

单击"确定"按钮，切换到绘图窗口，用户选择插入基点和设块对象后按＜Enter＞键，弹出"编辑属性"对话框，如图 9-5 所示。单击"确定"按钮，一个具有属性的表面粗糙度

图 9-5　"编辑属性"对话框

块定义完毕，如图 9-2c 所示。

9.1.4 插入属性图块

将建立的图块按指定的位置插入到当前图形中，在插入的同时，还可以旋转、缩放和输入表面粗糙度数值。

操作方法：在命令行中输入"Insert"，按＜Enter＞键；调用"插入→块"菜单命令；单击"块"面板中的"插入"按钮。

采用上述任何一种方法后，弹出"插入"对话框，如图 9-6 所示。

图 9-6 "插入"对话框

（1）"名称"下拉列表框　在下拉列表框中选择要插入的块——"粗糙度"。

（2）"插入点"选项区域　勾选"在屏幕上指定"复选框，可直接用指针在图形中确定插入点。

（3）"比例"选项区域　指定将块插入图中的比例，该项可不选。当需要按一定比例缩放时，可勾选"统一比例"复选框，输入一个比例因子，则插入的块在 X、Y、Z 三个方向上按比例因子放大或缩小。

（4）"旋转"选项区域　指定插入块的旋转角度。勾选"在屏幕上指定"复选框。

单击"确定"按钮，切换到绘图窗口，分别指定插入点、旋转角度、属性值，即可标注所需的表面粗糙度。

任务 9.2　块文件（外部块）

前面所讲到的创建图块的方法，只能在所建图块的文件中使用，不能用于别的文件中。若想共享块，应当将当前图形中的块写成图形文件，以方便所有的图形引用，此时，图块又称为"外部块"。

9.2.1 块文件的建立

操作方法：在命令行中输入"Wblock"，按＜Enter＞键，弹出"写块"对话框，如图 9-7 所示。

图 9-7　"写块"对话框

（1）"源"选项区域　点选"块"单选项，在下拉列表框中选择块名。若为整个图形，则点选"整个图形"单选项。

（2）"目标"选项区域　显示块文件名和路径。

单击"确定"按钮，完成块文件的建立。

9.2.2　块文件的插入

块文件插入的操作方法与块插入基本相同。单击"插入块"按钮 🔳 后，在弹出的"插入"对话框中单击"浏览"按钮，选择要插入的块文件即可。

任务 9.3　上 机 练 习

9.3.1　练习目的

1）掌握创建块、插入块的操作方法。

2）掌握用块命令在图样上标注表面粗糙度的操作方法。

9.3.2　练习要求

1）绘制图 9-8 所示的齿轮轴（图号 19，A4 图幅横放）、图 9-9 所示的端盖（图号 20，A4 图幅横放）及图 9-10 所示的 V 带轮（图号 21，A4 图幅横放）。

2）所绘图样应包括零件图的全部内容。

9.3.3　绘图方法和步骤

1）创建一个新图形文件，设置 A4 图幅（横放）图形界限。

2）设置 5 个图层，即粗实线层、细实线层、中心线层、文本层、尺寸标注层。

3）绘制图框、标题栏。

4）绘制主视图及断面图；绘制剖面线；标注尺寸；标注几何公差。

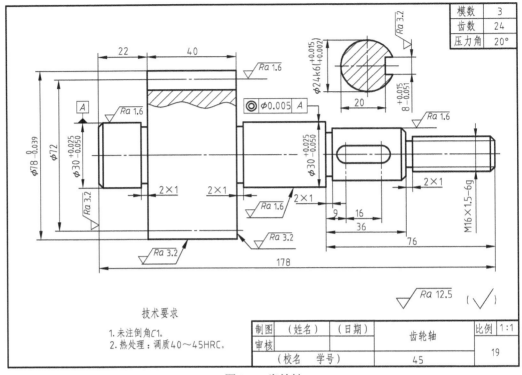

图 9-8　齿轮轴

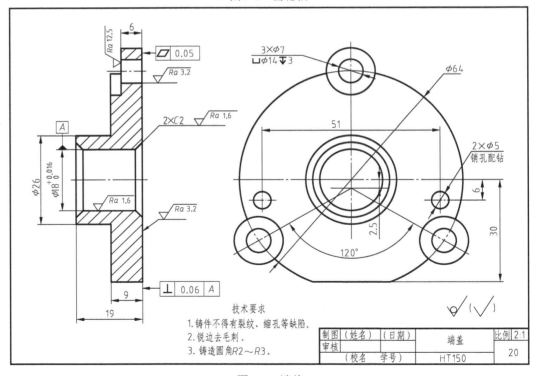

图 9-9　端盖

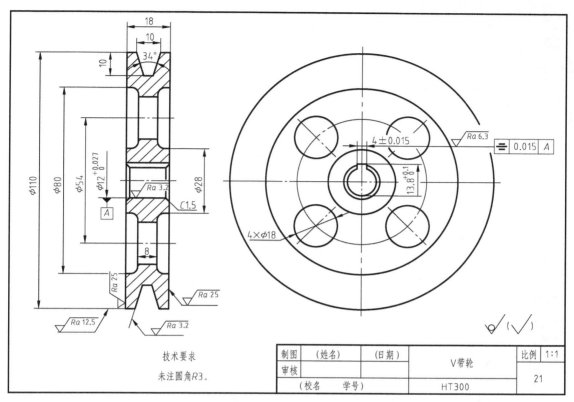

技术要求

未注圆角R3。

图 9-10　V 带轮

5）标注表面粗糙度。

① 先绘制表面粗糙度符号√。

② 单击"创建"按钮，创建带有属性的图块√$^{Ra6.3}$。

③ 单击"插入"按钮，将块插入到图样中。

6）书写技术要求，填写标题栏。

项目 10

二维标准样板文件的创建

利用 AutoCAD 2016 绘制符合国家标准的机械图样，需要设置图幅、创建图层、创建文字样式、设置尺寸标注样式和引线样式、创建表面粗糙度块、绘制图框和标题栏等。每画一张图样，都要对这些变量重新进行设置，这很浪费时间。为解决这一问题，可以把需要的绘图环境存放在模板中，当要画一张新图时，以模板方式进入 AutoCAD 2016，这样可以大大提高绘图效率。本章主要介绍创建工程图模板的方法和步骤，掌握它，可以起到事半功倍的效果。

学习提要
- 图形界限、图层的创建
- 文字样式、尺寸标注样式、引线样式的设置
- 表面粗糙度块的创建
- 图框和标题栏的绘制
- 样板文件的保存

任务 10.1 设置绘图基本环境

10.1.1 设置图幅

在绘图之前，需要设置图形界限，其大小取决于图形的尺寸和四周的说明文字，设置好图形界限后可以查看图形全貌。以 A4（210，297）图纸竖放为例。在下拉菜单"格式"中选择图形界限，给定左下角点坐标（0，0）和右上角点坐标（210，297）进行设置。设置完幅面后，执行下拉菜单"视图→缩放→全部"命令，把幅面全屏显示。单击状态栏中的"栅格"按钮，可检查所设置的图形边界是否正确。

10.1.2 创建图层

可单击"默认"选项卡"图层"面板中的"图层特性"按钮，打开"图层特性管理器"对话框进行图层设置。一般机械工程图样至少需要 5 个图层（表 10-1），每一层上指定一种颜色、线型和线宽，不同性质的图线应该有粗细之分，根据现行国家标准规定，只取相邻两个档次的线宽比例，粗线宽是细线宽的 2 倍。

表 10-1　图层的设置

名称	颜色	线型	线宽	用　途
粗实线	白色	Continuous	0.5mm	粗实线
细实线	红色	Continuous	默认	细实线、剖面线
中心线	青色	Center2	默认	中心线、对称线、轴线
虚线	黄色	Dashed2	默认	虚线
尺寸文本	白色	Continuous	默认	文字、尺寸标注

10.1.3　绘制图框和标题栏

图框和标题栏是每幅图中不可缺少的组成部分，前者指定绘图区域，后者记录每幅图的基本信息，在创建模板时预先绘好，可避免后续大量重复工作。

（1）图纸幅面　国家标准规定了 A0～A4 五种基本幅面，在绘图时优先选用，其具体尺寸见表 10-2。

表 10-2　基本图幅尺寸　　　　　　　　　　　　　　（单位：mm）

幅面代号	A0	A1	A2	A3	A4
尺寸	841×1189	594×841	420×594	297×420	210×297

（2）标题栏　国家标准 GB/T 10609.1—2008《技术制图　标题栏》中对标题栏的内容、格式及尺寸做了统一规定。本书在绘图过程中建议采用图 10-1 所示的简化格式。

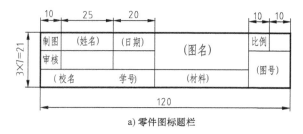

a) 零件图标题栏

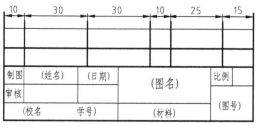

b) 装配图标题栏

图 10-1　简化标题栏

10.1.4　创建文字样式

1）单击"注释"选项卡中"文字"面板右下角的箭头，打开"文字样式"对话框。

2）单击"新建"按钮，打开"新建文字样式"对话框，如图 10-2 所示。在"样式名"文本框中输入"工程文字"，单击"确定"按钮，返回"文字样式"对话框。

图 10-2　"新建文字样式"对话框

3）在"SHX 字体"下拉列表框中选择"gbenor.shx"字体，再勾选"使用大字体（U）"复选框，然后在"大字体"下拉列表框中选择"gbcbig.shx"字体。

4）单击"应用"按钮，再单击"关闭"按钮，则关闭"文字样式"对话框。

10.1.5 设置尺寸标注样式

（1）设置基本样式 单击"注释"选项卡中"标注"面板右下角的箭头，打开"标注样式管理器"对话框。单击"新建"按钮，弹出"创建新标注样式"对话框，在"新样式名"文本框中输入"基本样式"后单击"继续"按钮，打开"新建标注样式：基本样式"对话框，如图10-3所示。在"线"选项卡中，"基线间距"设为7，"超出尺寸线"设为2，"起点偏移量"设为0；在"符号和箭头"选项卡中，"箭头大小"设为3.5；在"文字"选项卡中，"文字样式"选择"工程文字"，"文字高度"设为3.5，"从尺寸线偏移"设为1；在"调整"选项卡中，"调整选项"区点选"箭头"单选项，"优化"区勾选"手动放置文字"复选框；在"主单位"选项卡中，"小数分隔符（C）"设为"句点"；在"公差"选项卡中，公差格式"垂直位置"设为"中"。单击"确定"按钮，返回"标注样式管理器"对话框，基本样式设置完成。

图10-3 "新建标注样式：基本样式"对话框

（2）设置水平式样 水平样式是用于标注角度和尺寸数字水平书写的样式。

在"标注样式管理器"对话框中单击"新建"按钮，以基本样式为模板，在"新样式名"文本框中输入"水平样式"，单击"继续"按钮，打开"新建标注样式：水平样式"对话框，选择"文字"选项卡，在"文字对齐"区点选"水平"单选项即可。

到目前为止，基本样式和水平样式都设置完成，在实际标注时，只要把相应的标注样式置为当前，即可绘制出所需要标注的尺寸。

10.1.6 创建多重引线标注样式

在工程中，常使用图10-4所示三种格式的多重引线，来辅助图样的表示。在使用之前，需要创建相应的多重引线样式，标注时，用户只需指定某个样式作为当前样式即可。

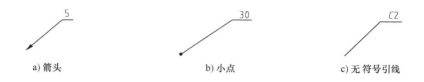

a) 箭头　　　　　　b) 小点　　　　　　c) 无符号引线

图 10-4　引线头部形状

（1）带箭头引线　单击"注释"选项卡中"引线"面板右下角箭头，打开"多重引线样式管理器"对话框。单击"新建"按钮，弹出"创建新多重引线样式"对话框，在"新样式名"中输入"箭头"后单击"继续"按钮，打开"修改多重引线样式：箭头"对话框，如图10-5 所示。

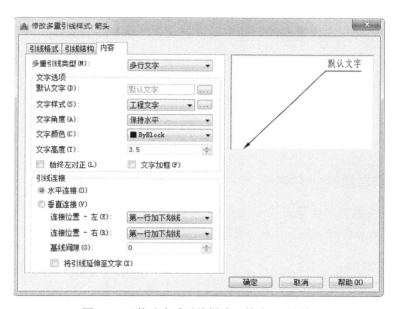

图 10-5　"修改多重引线样式：箭头"对话框

后面介绍的小点和无样式与之相同，不再赘述。在"引线格式"选项卡中，"箭头符号"设为"实心闭合"，"大小"设为"3.5"；在"引线结构"选项卡中，设置"基线距离"为"0"，这样在进行引线标注时，可根据实际需要灵活确定基线长度；在"内容"选项卡中，"文字样式"选择"工程文字"，"文字高度"设为"3.5"，"连接位置 - 左"和"连接位置 - 右"都改选为"第一行加下划线"；基线间隙设为"0"。

（2）带小点引线　在装配图中标注序号时，需要用到小点引线，此时仅需在带箭头引线样式的基础上新建小点样式，将引线格式选项卡中的箭头符号改选为"小点"即可。

（3）无符号引线　在标注倒角时，引线头部是没有符号的，此时仅需在带箭头引线样式基础上新建无符号样式，将箭头符号改选为"无"即可。

任务 10.2　创建外部块文件

10.2.1　绘制表面粗糙度符号

表面粗糙度符号形状参照图 9-1，具体尺寸参照表 9-1 绘制，绘制后如图 10-6 所示。

图 10-6　表面粗糙度符号

10.2.2　设置文字属性

在表面粗糙度符号上设置属性，方便标注不同的表面粗糙度值。

文字属性设置方法参照 9.1.2 内容。注意：为减少后续插入图块时编辑修改表面粗糙度值的次数，可将图样中出现最多的表面粗糙度值设为默认值。设置好文字属性后如图 10-7 所示。

图 10-7　定义文字属性

10.2.3　创建带有属性的内部块

带有属性的内部块的创建方法参见 9.1.3 内容。需要注意的是，块基点选项需要选择表面粗糙度符号下端点作为块的插入点。创建好的图块如图 10-8 所示。

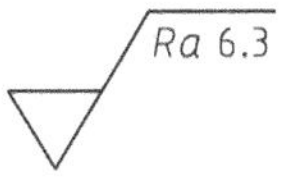

图 10-8　表面粗糙度符号

10.2.4　创建外部块

内部块仅能用于创建块所在的图形文件中，不可用于其他文件。为了使创建的图块在其他图形文件中使用，需要创建外部块文件。

具体操作方法参见 9.2.1 内容。

10.2.5　插入块文件

块文件创建好后，用户就可以很方便地将块插入到所需的图样中，具体操作方法见 9.2.2。

10.2.6　创建基准符号外部块

在机械图样中，倘若出现了几何公差标注，对于基准符号，可以按照与表面粗糙度块相同的方法，将基准符号也创建成外部块，方便调用和标注，具体方法不再赘述。只是在创建基准符号块的时候，要注意基准符号的画法及尺寸大小，参照图 10-9 绘制，图中 h 为图样中字体高度。

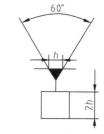

图 10-9　基准符号画法

不仅在机械图样中，表面粗糙度符号和基准符号常创建为块，供多个图样使用，在装配图中也常常将零件的明细栏创建为块；在由零件图拼画装配图的过程中，也可将整个零件图创建为一个块，再通过插入块的方法将零件插入到装配图中。块在实际图样绘制中使用方便，大大减少了相同符号的重复绘制工作。

任务 10.3　保存和使用样板文件

10.3.1　保存样板文件

建立样板文件，就是将样板文件存放到硬盘中，变成一个可以调用的文件。保存方法与一般图形文件的保存方法一样，只是文件的扩展名不同。一般 AutoCAD 2016 图形文件的扩展名是"*.dwg"，而样板文件的扩展名为"*.dwt"。

单击"文件→另存为"菜单命令，打开图形"另存为"对话框，在文件类型下拉列表框中选择"*.dwt"文件类型，在文件名文本框中输入"A4 竖放"。单击"保存"按钮，弹出"样板选项"对话框，在说明栏中输入"A4 幅面竖放（210×297）比例 1 ∶ 1"，单击"OK"按钮，系统在 Template 文件夹内创建一个"A4 竖放 .dwt"样板。

10.3.2　使用样板文件

打开 AutoCAD 2016，开始新建文件时，弹出"选择样板"对话框，在 Template 文件夹中显示已建立的"A4 竖放 .dwt"样板，选中，将该样板打开，开始画一张新图样。

在"A4 竖放 .dwt"样板的基础上，只要将图框改为其他幅面尺寸，用"Move"命令将标题栏移到正确位置，就可以创建其他幅面的样板。如果其他人想使用这个已建立的样板，只要将该"A4 竖放 .dwt"样板复制到自己计算机上 AutoCAD 2016 中的 Template 文件夹中即可。

任务 10.4　上机练习

10.4.1　练习目的

1）掌握绘图环境的基本设置方法。
2）掌握外部块文件的创建方法。
3）正确保存样板文件。

10.4.2　练习要求

1）按照国家标准要求，正确设置绘图环境。

2）正确创建块文件。

3）创建 A3 横放样板文件。

10.4.3　绘图方法和步骤

1）创建一个新图形文件。设置图形界限（420，297），设置图层，绘制图框和标题栏。

2）设置文字样式、尺寸标注样式、多重引线标注样式。

3）创建外部块，如表面粗糙度块和基准块。

4）保存 A3 横放样板文件。

项目 11

零件图的识读与绘制

要想学会利用 AutoCAD 2016 绘制机械图样，首先必须能正确识读零件图。在此基础上，再正确绘制机械图样。本章主要介绍零件图包含的内容、零件图的识读方法和步骤，以及零件图的绘制方法与步骤。

学习提要
- 零件图包含的内容
- 零件图的识读方法与步骤
- 零件图的绘制方法与步骤

任务 11.1　零件图的内容

零件图表示零件的结构形状、大小和有关技术要求，可根据它加工制造和检验零件。图 11-1 所示为螺杆零件图。由图可知，一张完整的零件图应包括以下四方面内容。

1. 一组图形

绘制零件图时，应合理选用零件表达方法，完整、清晰地表达零件的内外结构形状。如图 11-1 所示，用一个主视图、一个移出断面图表示螺杆的结构形状。

2. 完整的尺寸

正确、完整、清晰、合理地标注出组成零件各形体的大小及相对位置尺寸，即提供制造和检验零件所需的全部尺寸。

3. 技术要求

将制造零件应达到的质量要求，如极限与配合、表面粗糙度、几何公差、热处理及表面处理等，用规定的代（符）号、数字、字母或文字，准确、简明地表示出来。不便于用代（符）号标注在图样中的技术要求，可用文字注写在标题栏的上方或左侧，如图 11-1 所示。

4. 标题栏

在图样的右下角绘有标题栏，填写零件的名称、材料、比例、图号，以及制图、审核人员的姓名、日期等。

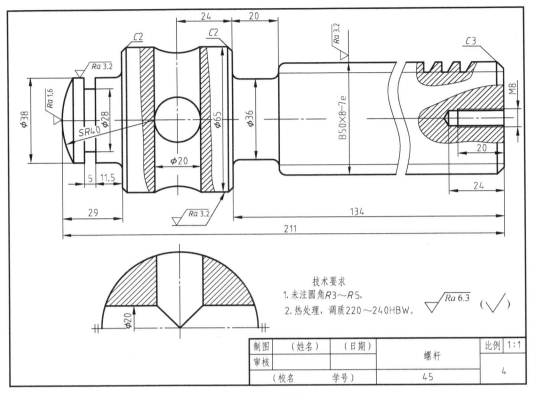

图 11-1　螺杆

任务 11.2　零件图的识读

零件的设计、生产加工、检测及技术改造过程中都需要读零件图，在利用 AutoCAD 2016 绘制机械图样时，也需要读懂零件图。因此，准确、熟练地读懂零件图，是工程技术人员必须掌握的基本技能之一。

11.2.1　读图要求

读零件图的要求：了解零件的名称、所用材料和它在机器或部件中的作用。通过分析视图、尺寸和技术要求，想象出零件各组成部分的结构形状和相对位置，从而在头脑中建立起一个完整的、具体的零件形象。

11.2.2　读图方法和步骤

1. 读图方法

识读零件图的基本方法仍然是形体分析法和线面分析法。

形体分析法的着眼点是"体"，即构成零件的各个基本体，如柱、锥、球、环等；其核心是"分部分"，即将零件的各个基本体分离出来。这样，读图时就可把一个复杂的零件分解成几个简单的形体，通过识读这些基本体的视图，起到将"难"变"易"之效。

　　线面分析法是将零件的表面进行分解，弄清各个表面的形状和相对位置的分析方法。运用线面分析法读图，其实质就是以线框分析为基础，通过分析"面"的形状和位置来想象零件的形状。线面分析法常用于分析视图中局部投影复杂之处，可作为形体分析法的补充。

2.读图步骤

　　（1）看标题栏　了解零件的名称、材料、绘图比例等，为联想零件在机器中的作用、制造要求以及有关结构形状等提供线索。

　　图 11-2 所示是千斤顶的底座，用来支承和容纳螺杆、螺母等零件，材料为 HT200，比例为 1∶1。

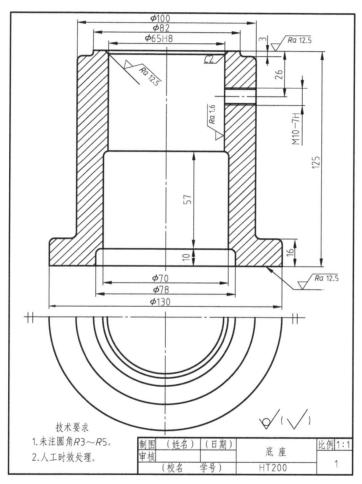

图 11-2　底座

　　（2）分析视图　先根据视图的配置和有关标注，判断出视图的名称和剖切位置，明确它们之间的投影关系，进而抓住图形特征，分部分想象形状，合起来想象整体。

　　底座零件图中共有两个图形，主视图和局部视图。主视图采用全剖视图的表达方式，完整、清晰地表达了底座内部各孔的结构形状，局部视图补充表达了底座的外形结构，为典型盘类结构零件。

从图中可以看出，底座外部为阶梯圆盘类结构，内部为阶梯通孔结构，周边设有一个内螺纹孔结构。由此可以想象，底座轴测图如图 11-3 所示。底座内部 ϕ70mm 通孔用于容纳螺杆；ϕ65H8 孔用于容纳螺母且形成配合；为了减少底面的待加工表面，底座下表面设有直径 ϕ78mm、深 10mm 的孔；周边设有螺纹孔，可拧入螺钉用以定位，防止在螺杆转动升降的过程中螺母随之转动；倒角和周边圆角皆为零件常见工艺结构。

图 11-3　底座轴测图

（3）分析尺寸　先分析长、宽、高三个方向的尺寸基准，对于轴类、盘盖类等回转体零件，应分析其径向基准和轴向基准；再找出各部分的定位尺寸和定形尺寸，搞清楚哪些是主要尺寸；最后还要检查尺寸标注是否齐全和合理。

底座零件为回转体结构，径向基准为其中心对称面，由此标注出 ϕ130、ϕ78、ϕ70、ϕ65H8、ϕ82、ϕ100；轴向主要基准为底座下表面，由此标注出 16、125、10，以底座上表面为辅助基准，标注螺纹孔的定位尺寸 26，以底座中 ϕ78mm 内孔上表面为辅助基准，标注 ϕ70mm 孔的定形尺寸 57。M10-7H 表明螺纹孔是普通螺纹，公称直径为 10mm，中径和顶径公差带代号均为 7H。

（4）分析技术要求　可根据表面粗糙度、尺寸公差、几何公差以及其他技术要求，弄清楚哪些是要求加工的表面以及其精度的高低等。

底座中 ϕ65mm 孔标注了公差带代号 H8，孔表面属于配合面，要求较高，表面粗糙度值为 Ra1.6μm；底座上表面为重要的接触表面，底面为重要的安放表面，表面粗糙度值均为 Ra12.5μm，这些指标在加工时应予以保证。

（5）综合归纳　将识读零件图所得到的全部信息加以综合归纳，对所示零件的结构、尺寸及技术要求都有一个完整的认识，这样才算真正将图读懂。

通过以上分析，底座零件结构相对简单，一般需要两个视图表达，主视图常按工作位置安放绘制。尺寸基准一般为中心对称面和重要的表面。技术要求中，应将工作部分、配合面和安装面的精度定得高一些。

读图时，上述的每一步骤都不要孤立地进行，应视其情况灵活运用。此外，读图时还应该参考有关的技术资料和相关的装配图或同类产品的零件图，这对读图大有裨益。

任务 11.3　零件图的绘制

零件图的绘制包括草绘和绘制工程图，AutoCAD 2016 一般用来绘制工程图。在绘图时，必须掌握正确的绘图步骤，才能做到事半功倍。

11.3.1　绘制零件图的基本步骤

1. 使用样板文件创建新图形文件

（1）确定比例　在绘图前，需根据零件的大小和复杂程度选择比例，尽量采用 1：1。

（2）选择图纸幅面　根据比例、图形大小、标注尺寸、技术要求等确定所需图纸幅面，选择标准幅面。

（3）新建图形文件　选择标准图幅样板文件，打开，进入图形绘制界面。

（4）保存文件　输入文件名，选定文件保存路径，先将文件保存。这样做的好处是，万一程序或计算机出现异常关闭，再次打开图形文件时，会显示最近一次保存的图形，将损失降至最低，因此要注意养成及时保存的习惯。

2. 分析图形，确定绘图顺序，完成绘图

组合体三视图的绘图步骤同样适用于零件图的绘制。一般是先分析读懂零件图，确定长、宽、高基准。绘图时先画基准线，再画主要轮廓线，后画次要轮廓线，具有投影关系的多个视图一起绘制。

绘图小技巧：在绘图时，一定记得打开线宽显示，这样才能在第一时间发现是否用错图层。

3. 尺寸标注

分析尺寸基准，确定零件的定位尺寸和定形尺寸，根据实际情况选择"基础样式"或"水平样式"，逐个标注尺寸，最后检查确认无遗漏、无冗余。

4. 剖面填充

对于机械图样，一般选择通用 ANSI31 进行剖面填充，合理设置相关参数，以达到最佳填充效果。

5. 标注文字

标注技术要求等文字说明。

6. 填写标题栏

填写标题栏中的相关信息。

7. 检查、校对，完成零件图绘制

8. 保存文件

11.3.2　实例：绘制底座零件图

1. 使用样板文件创建底座图形文件

1）底座零件圆周方向最大尺寸为 130mm，高度尺寸为 125mm，选择 1：1 比例绘制。

2）选择 A4 图幅，绘制底座零件图。

3）打开 AutoCAD 2016 软件，选择"文件→新建"命令，选择"A4-V"样板文件，如图 11-4 所示。单击"打开"按钮后进入绘图界面。

4）选择"文件→保存"命令，选择保存路径，输入文件名"底座"，选择文件类型"AutoCAD2013 图形（*.dwg）"，保存文件。

2. 具体绘图步骤

（1）绘制基准线　选择中心线图层，用"直线"命令绘制基准线，如图 11-5 所示。

（2）绘制俯视图　选择粗实线图层，用"圆"命令绘制 ϕ130mm、ϕ100mm、ϕ82mm、ϕ65mm 圆，以水平中心线为界线，修剪去一半；选择细实线图层，绘制对称符号，如图 11-6 所示。

（3）绘制主视图

1）用"直线"命令绘制底座底面右半部分投影轮廓线；利用"偏移"命令将底面轮廓线向上偏移 16mm、125mm，再将底座顶面轮廓线向下偏移 3mm，将中心线向右偏移 130mm/2、

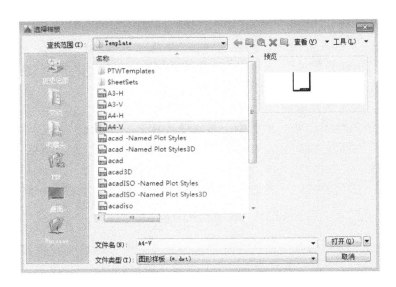

图 11-4　选择"A4-V"样板文件

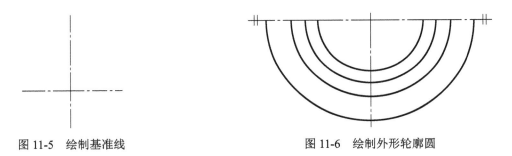

图 11-5　绘制基准线　　　　　　　　　　　　图 11-6　绘制外形轮廓圆

100mm/2、82mm/2；利用"直线"命令绘制外形轮廓线；利用"修剪"命令，剪去多余线条后，得到底座主视图右半部分外形轮廓，如图 11-7 所示。

　　2）利用"偏移"命令，将底面轮廓投影向上偏移 10mm、67mm，将中心线向右偏移 78mm/2、70mm/2、65mm/2；利用"直线"命令绘制内部轮廓线；利用"修剪"命令剪去多余线条后，得到底座主视图右半部分内形图，如图 11-8 所示。

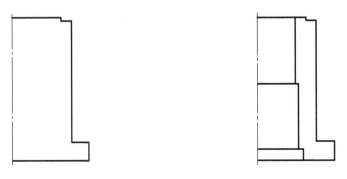

图 11-7　主视图右半部分外形轮廓　　　　　图 11-8　主视图右半部分内外轮廓

3）利用"镜像"命令，选择已绘制的一半轮廓作为镜像对象，选择中心线上两点作为镜像中心线，镜像后的结果如图 11-9 所示。

4）绘制螺纹孔轮廓线。利用"偏移"命令，将底座顶面轮廓线向下偏移 26mm，选择细点画线图层，绘制螺纹孔中心线；再将中心线向上偏移 5mm，选择细实线图层，绘制螺纹孔大径线；将中心线向上偏移 4.4mm，选择粗实线图层，绘制螺纹孔小径线；再利用"镜像"命令，完成整个螺纹孔轮廓线的绘制，结果如图 11-10 所示。

5）倒角和倒圆。利用"倒圆角"命令，创建图中各拐角处圆角。利用"倒角"命令，设置距离 D 均为 2mm，设置不修剪模式。创建后的结果如图 11-10 所示。

（4）绘制俯视图　利用主俯视图长对正原理，绘制俯视图，注意底座前后对称，仅绘制前半部分俯视图。

（5）检查整个图形，看是否有遗漏和细节错误。

（6）图案填充。利用"图案填充"命令，填充主视图中底座实体部分，特别注意螺纹孔部分一定要选择到螺纹孔的小径粗实线。图案选择 ANSI31，角度默认，图案填充比例设为 1，填充后的结果如图 11-12 所示。

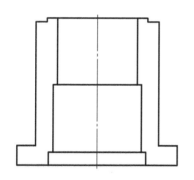 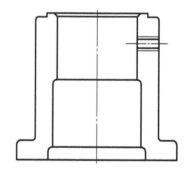

图 11-9　主视图内外轮廓　　　　　图 11-10　螺纹孔轮廓线、倒角和倒圆

3. 标注图样尺寸及技术要求

1）选择尺寸标注图层，从注释面板中选择"基础样式"，逐个创建线性尺寸标注，按照先标注水平线性尺寸，再标注垂直线性尺寸进行标注。标注后的图样如图 11-11 所示。

2）从注释面板中选择多重引线样式"无"，标注倒角尺寸 C2。

3）标注表面粗糙度。选择"插入→块（B）"命令，在对话框中单击"浏览"按钮，选择"粗糙度"图块文件，逐个插入表面粗糙度图块。标注后的图样如图 11-11 所示。

4）标注文字说明的技术要求。在注释面板中选择文字样式"工程文字"，接着选择"文字"，单击"多行文字"图标，创建多行文字，输入对应的文字说明技术要求。

4. 图案填充

利用"图案填充"命令，填充主视图中底座实体部分，特别注意螺纹孔部分一定要选择到螺纹孔的小径粗实线。图案选择 ANSI31，角度默认，图案填充比例设为 1，填充后结果如图 11-12 所示。

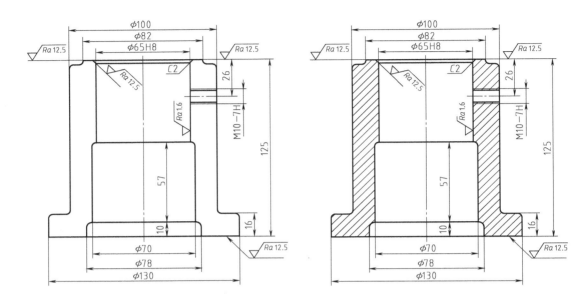

图 11-11　尺寸及技术要求标注　　　　　　　　图 11-12　图案填充

5. 填写标题栏

在注释面板中选择"文字"，单击"单行文字"图标，逐个填写标题栏信息。

6. 检查并保存图形

检查整个图形，确认无误后，保存，完成"底座"机械图样的绘制。最终如图 11-2 所示。

7. 绘图技巧

1）在绘制机械图样时，需要先仔细分析，读懂图样，在头脑中先弄清楚绘图顺序，而后着手绘图。

2）具体绘图时，合理选择比例和图幅，合理布图，打开线宽模式，正确选择图层，按照先基准后轮廓、先主要后次要、先标注后填充的顺序绘图，并及时检查和保存。

对于任何复杂的图形，按照以上步骤，均可以绘制出符合国家标准的机械图样。

任务 11.4　常用件和标准件的绘制

常用件和标准件在实际生产生活中应用广泛，为了减少绘图工作量，国家标准规定了常用件和标准件的简化画法和必要的标注。掌握常用件和标准件的简化画法至关重要。按照 11.3 中图样绘制步骤，可以顺利完成常用件和标准件的绘制。本节仅仅给出常用件和标准件规定画法图样，供大家绘图时参考。

1. 六角头螺栓比例画法（图 11-13）

在绘制螺栓时，根据实际公称尺寸，将图中尺寸用具体数值代替即可。例如公称直径

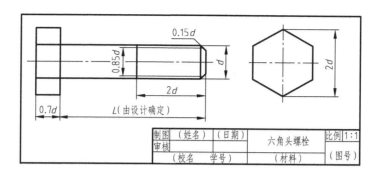

图 11-13　六角头螺栓比例画法

d=20mm，则 0.7d=14mm，2d=40mm，0.15d=3mm。后续常用件和标准件简化画法中按照相同方法处理，不再赘述。

2. 双头螺柱比例画法（图 11-14）

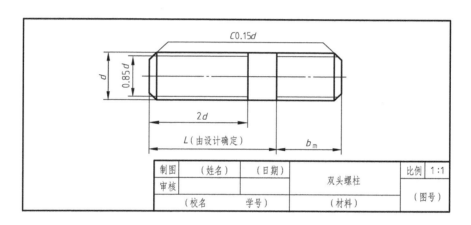

图 11-14　双头螺柱比例画法

3. 螺钉比例画法（图 11-15 ～ 图 11-17）

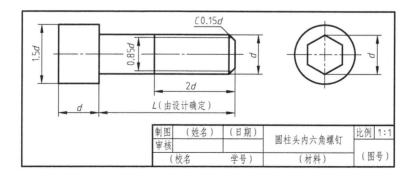

图 11-15　圆柱头内六角螺钉比例画法

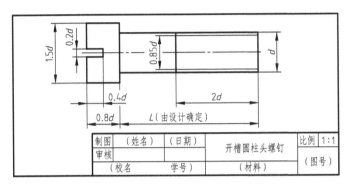

图 11-16　开槽圆柱头螺钉比例画法

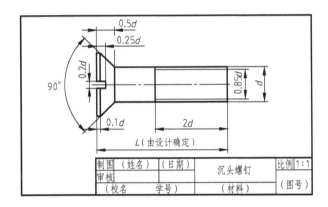

图 11-17　沉头螺钉比例画法

4. 螺母比例画法（图 11-18）

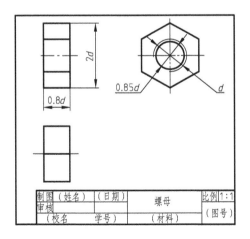

图 11-18　螺母比例画法

5. 垫圈比例画法（图 11-19、图 11-20）

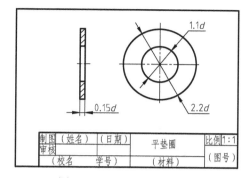

图 11-19　平垫圈比例画法

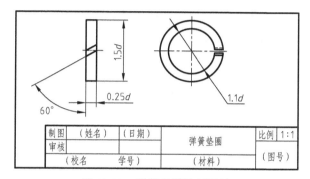

图 11-20　弹簧垫圈比例画法

6. 直齿圆柱齿轮零件图（图 11-21）

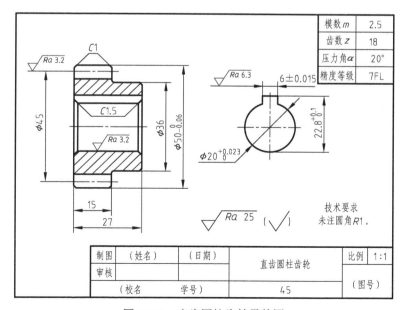

图 11-21　直齿圆柱齿轮零件图

7. 弹簧的简化画法（图 11-22）

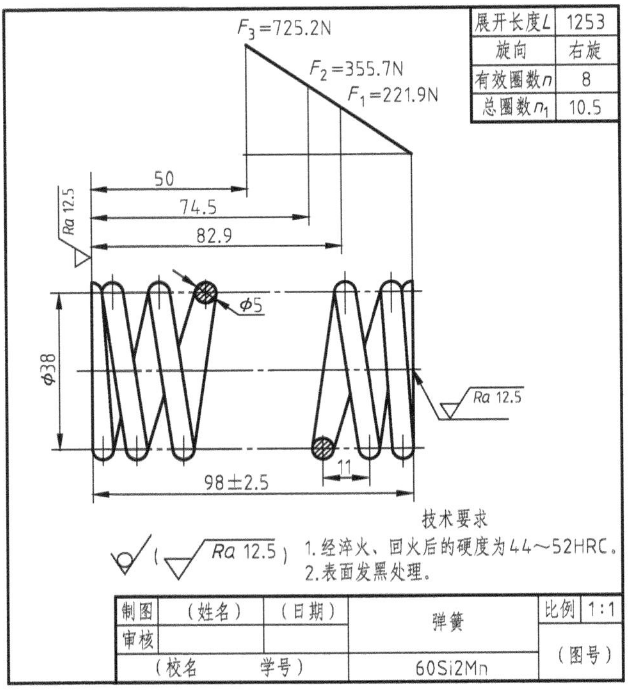

图 11-22　弹簧零件图

任务 11.5　上机练习

11.5.1　练习目的

1）掌握零件图绘制的基本步骤。

2）掌握常用件及标准件的绘制方法。

3）绘制深沟球轴承的简化画法与规定画法。

11.5.2　练习要求

1）按照国家标准要求，正确绘制图 11-21、图 11-23 ～ 图 11-30 所示图样，并进行尺寸标注和技术要求标注。

2）按照国家标准要求，掌握深沟球轴承的通用画法、特征画法和规定画法，如图 11-30 所示。

11.5.3　绘图方法和步骤

以图 11-1 所示螺杆为例，绘图方法和步骤如下：

1）新建图形文件，选择"A4 横放"样板文件并打开，保存文件，指定图形文件保存路径和名称。

2）绘制基准线，绘制主视图，再绘制移出断面图。

3）检查无误后填充图形，再标注尺寸。

4）标注技术要求，填写标题栏信息。

5）检查、保存。

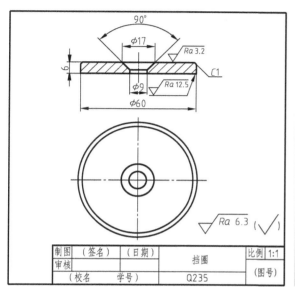

图 11-23 挡圈零件图

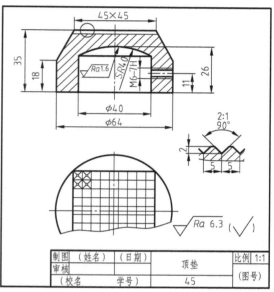

图 11-24 顶垫零件图

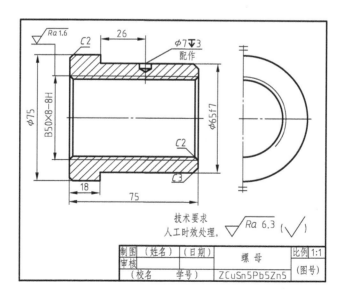

图 11-25 螺母零件图

119

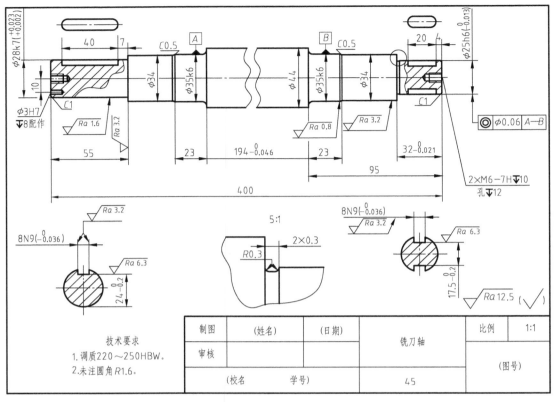

图 11-26　铣刀轴零件图

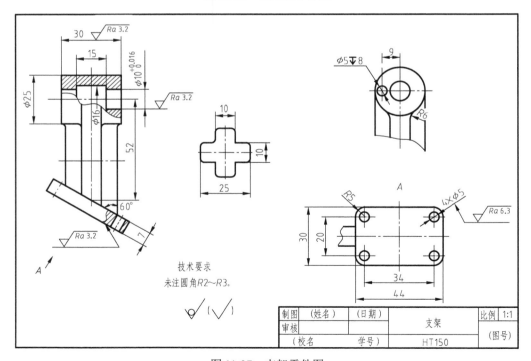

图 11-27　支架零件图

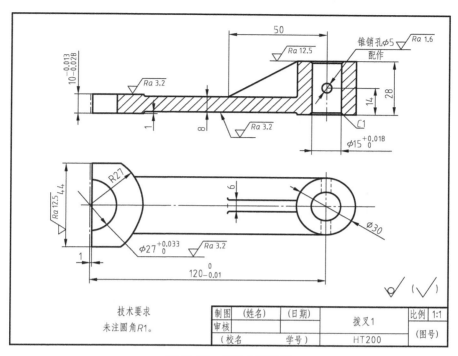

图 11-28 拨叉 1 零件图

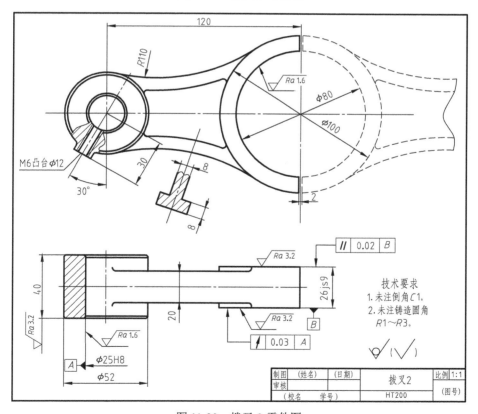

图 11-29 拨叉 2 零件图

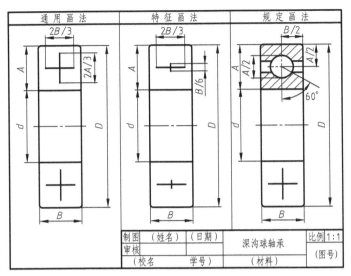

图 11-30　深沟球轴承画法

项目 12

装配图的识读与拼画

利用 AutoCAD 2016 绘制装配图，首先必须正确识读装配图及各零件图。在此基础上，正确拼画装配图。本章主要介绍装配图包含的内容、装配图的识读方法和步骤，以及装配图的拼画方法和步骤。

学习提要

• 装配图包含的内容

• 装配图的识读方法和步骤

• 装配图的拼画方法和步骤

任务 12.1　装配图的内容

任何复杂的机器，都是由若干个部件组成的，而部件又是由许多零件装配而成的。用来表示产品及其组成部分的连接、装配关系的图样，称为装配图。

一张完整的装配图主要包括以下四个方面的内容（图 12-1）。

1. 一组图形

图形用来表达装配体（机器或部件）的构造、工作原理、零件间的装配和连接关系及主要零件的结构形状。如图 12-1 所示，用一个主视图、一个沿结合面剖切的俯视图、件 5 的 C 向视图及件 4 的 B—B 移出断面图来表示千斤顶。

2. 一组尺寸

尺寸用来表示装配体的规格或性能（如图 12-1 中的千斤顶高度尺寸 230 ～ 280），以及装配（ϕ65H7/k6、B50×8-8H/7e）、安装、检验、运输 (ϕ130、280) 等方面所需要的尺寸。

3. 技术要求

用文字或代号说明装配体在装配、检验、调试时需达到的技术条件和要求及使用规范等。图 12-1 中的文字说明技术要求为：本产品的顶举高度为 50mm，顶举质量为 1000kg。

4. 标题栏和明细栏

标题栏用来标明装配体的名称、绘图比例、重量和图号及设计者姓名和设计单位。明细栏用来记载零件名称、序号、材料及标准件的规格、标准编号等。

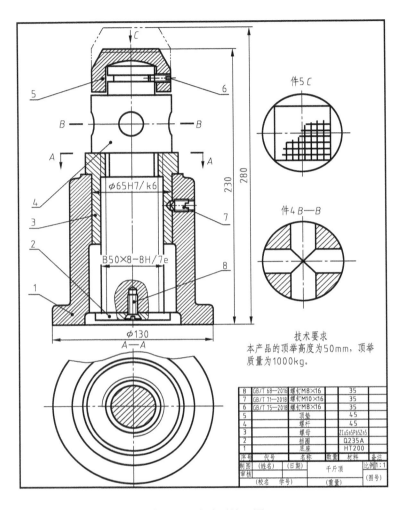

图 12-1　千斤顶装配图

任务 12.2　装配图的识读

通过一种有意识的、对装配图中有特征的零件进行"识别"，分析其动作或功能，逐步看懂装配体工作原理及零部件之间装配关系和拆装顺序，此过程称为装配图的识读。

在诸多环节中，都需要识读装配图。在设计过程中，要按照装配图来设计零件；在装配机器时，要按照装配图来安装零件或部件；在进行技术交流时，则需要参阅装配图来了解具体结构等。在利用 AutoCAD 2016 拼画装配图时，也务必看懂装配图。

12.2.1　读图要求

识读装配图的要求如下：

1）了解部件的工作原理和使用性能。

2）弄清各零件在部件中的功能、零件间的装配关系和连接方式。

3）读懂部件中主要零件的结构形状。

4）了解装配图中标注的尺寸以及技术要求。

12.2.2 读图方法和步骤

1. 概括了解

1）从有关资料和标题栏中了解部件的名称、大致用途及工作情况。

2）从明细栏中了解各零件的名称、数量并找出它们在装配图中的位置，初步了解各零件的作用。

3）分析视图，弄清楚各视图、剖视图、断面图等表达方法的投影关系及其表达意图。

图 12-2 所示千斤顶是机械安装或汽车修理时用来起重或顶压的工具，它利用螺旋传动顶举重物，由底座、螺杆和顶垫等八种零件组成。

图 12-1 所示千斤顶采用四个图形表达，主视图按照工作位置摆放而绘制，并作剖视，主要反映千斤顶各部件的装配关系、工作原理和主要零件的结构形状。俯视图采用沿结合面剖切方法表达螺杆 4 与螺母 3 之间的装配情况。另两个辅助视图是：件 4 的移出断面图，表达螺杆上相互垂直的两个等径通孔结构；件 5 的 C 向视图，表达顶垫上部结构形状。

图 12-2 千斤顶轴测图

2. 分析工作原理和装配关系

分析部件的工作原理，一般应从传动关系入手，并进一步弄清楚零件之间的连接关系和配合性质。千斤顶工作时，铰杠穿入螺杆上部的通孔中，拨动铰杠，使螺杆转动，通过螺杆与螺母间的锯齿形螺纹传动使螺杆上升而顶起重物。关于千斤顶的装配关系，主视图反映了千斤顶主要零件间的装配关系，其装配顺序是：先将螺杆 4 旋入螺母 3 中，通过螺钉 8 将挡圈 2 固定在螺杆 4 底部，再一起装入底座中，通过螺钉 7 紧定；将顶垫 5 装在螺杆 4 的顶部，顶垫的内凹面与螺杆顶面配合，为防止顶垫随螺杆一起转动，在螺杆顶部加一环形槽，将紧定螺钉 6 的圆柱形端部伸进环形槽锁定。

3. 分析视图，看懂零件的结构形状

分析零件是读装配图的进一步深入阶段，需要把每个零件的结构形状和各零件之间的装配关系、连接方法等，进一步分析清楚。分析零件时，首先要分离零件，根据零件的序号，先找到零件在某个视图上的位置和范围，再遵循投影关系，并借助同一零件在不同的剖视图上剖面线方向、间隔应一致的原则，来区分零件的投影。将零件的投影分离后，采用形体分析法和结构分析法，逐步看懂每个零件的结构形状和作用。

螺杆、螺母、底座、顶垫是千斤顶的主要零件，它们在结构和尺寸上都有非常密切的联系，要读懂装配图，必须看懂它们的结构形状。

（1）螺杆 根据主视图可知，螺杆是一个轴类零件，顶部是圆球面结构，与顶垫内凹面接触；结合移出断面图，可知螺杆上部开有两垂直相交的通孔，供铰杠穿过之用；螺杆下部加工有锯齿形螺纹，与螺母配合，配合尺寸为 B50×8-8H/7e。

（2）螺母 根据主视图可知，其外部结构如台阶轴，台阶供装配时定位用，内螺纹结构

与螺杆外螺纹旋合。

（3）底座　根据主视图可知，其为一中空的回转体结构，底座底部直径大于主体部分直径，主要是为了增加工作时与地面的接触面积，进而增加稳定性。内部开有阶梯孔，用以容纳螺母、螺杆及挡圈。

（4）顶垫　根据主视图及 C 向视图可知，其为一内部开有不通孔的回转体结构，顶垫外部沿四周方向切去四个部分，形成正方形接触表面，对正方形表面进行滚花处理，可以增加其与顶举重物之间的摩擦；顶垫内部开有不通孔，且不通孔的底部是圆球曲面，以与螺杆头部圆球面接触。

4. 分析尺寸和技术要求

高度尺寸 230 和 280，说明此千斤顶的最大顶举高度为 50mm，是性能规格尺寸；$\phi65H7/k6$ 是底座与螺母间的基孔制过渡配合尺寸，因正常工作时螺母和底座是保持相对不动的；B50×8-8H/7e 是螺杆与螺母的基孔制间隙配合尺寸，因正常工作时螺杆需要在螺母内自由转动，进而实现升降运动；$\phi130$ 是千斤顶的长宽方向总体尺寸，230、280 是高度尺寸，为包装运输提供参考。

5. 归纳总结

综合各部分的结构形状，进一步分析部件的工作原理、传动和装配关系，部件的拆装顺序，以及所标注的尺寸和技术要求的意义等。通过归纳总结，加深对部件整体的全面认识。

因千斤顶仅在顶举重物上升的过程中需要克服重物自重而传递向上的运动，而在下降过程中不需要传递运动，所以采用锯齿形螺纹传动完全可满足要求。

任务 12.3　装配图的拼画

装配图的绘制是一项重要的工作，当有了部件或设备的全部零件图时，利用复制、粘贴或插入图形等操作，可以方便地将已有零件图拼装成装配图。本节主要任务是介绍如何根据已有零件图拼画装配图。

12.3.1　由零件图拼画装配图的方法

在 AutoCAD 2016 中常采用以下三种方法由零件图拼画装配图。

1. 零件图块插入法

该方法是先将组成部件或机器的各个零件图创建为图块，然后再按照零件间的相对位置关系，将零件图块逐个插入，找准正确的相对位置关系，修改整理图线，最终完成拼画装配图的一种方法。注意：此方法中所有零件图和要拼画的装配图的图层设置需一致，便于后续整理图形。

2. 剪贴板交换数据法

利用 AutoCAD 2016 的"复制"命令，首先关闭零件图中不需要在装配图中显示的图层，如尺寸文本图层，仅将装配图中需要用到的零件图形复制到剪贴板上，然后使用"粘贴"命令，将剪贴板上的图形粘贴到装配图中适当位置，再根据装配图的表达方法和具体规定整理多余重复的图线，拼画装配图。注意：此方法中一些配合表面、定位面上会出现一些重复图线，需要细心整理，删除重复的图线。

3. 利用设计中心拼画装配图

在 AutoCAD 2016 设计中心中，可以直接插入其他图形中定义的图块，但是一次只能插入一个图块。图块被插入到图形中后，如果原来的图块被修改，则插入到图形中的图块也随之被改变。AutoCAD 2016 设计中心提供了两种插入图块的方法。

1）将图块拖动到当前图形中。此方法适用于快速插入块并将它们移动或旋转到精确的位置。

2）双击要插入的块图像。此方法适用于在插入块时指定其确切的位置、旋转角度和比例。

12.3.2　由零件图拼画装配图的步骤

以千斤顶为例，采用剪贴板交换数据法，完成由零件图拼画装配图。

1）打开 AutoCAD 2016 软件，新建图形文件，选择"A3-V"样板文件，单击"打开"按钮，进入 AutoCAD 2016 绘图界面。单击"保存"按钮，在规定路径下保存，文件名为"千斤顶装配图"。

2）打开本书第 11 章中创建的千斤顶底座零件图（图 11-2），选择"窗口→垂直平铺"命令，在 AutoCAD 2016 中同时显示打开的图形，如图 12-3 所示。

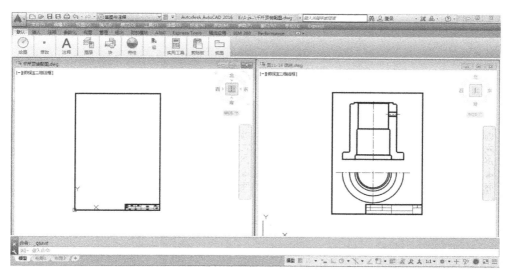

图 12-3　以垂直平铺形式显示各窗口

3）使底座零件所在的窗口为活动窗口，关闭尺寸标注、文字、剖面线图层，保留中心线、粗实线、细实线图层，通过框选方式选择底座主视图和俯视图（注意不要漏选），选择"编辑→复制"命令，然后切换至"千斤顶装配图"图形窗口中，选择"编辑→粘贴"命令，将底座零件图中的图形复制到"千斤顶装配图"图形窗口中，整理图线，移动图形到合适位置，结果如图 12-4 所示。关闭"底座"零件图，不保存对"底座"文件的修改。在此需要注意的是，因装配图旨在表达机件的工作原理、各零件之间的相对位置和装配连接关系，以及主体零件的结构形状，而对于各个零件的细节特征，如倒角、倒圆等结构，在装配图中可省略不画。因此，在底座、螺母等图形中，拼画装配图时可以省略为了便于装配而在零件端部设置的倒角轮廓线。

4）打开螺母零件，按照相同的方法关闭尺寸标注、文字、剖面线图层，通过框选方式选取螺母块主视图，先通过"复制→粘贴"命令将螺母块主视图放至千斤顶装配图中的空白位置，而后将螺母块主视图以小端面圆心为基点旋转 –90°到轴线竖直状态，再通过平移命令将其平移至轴线与底座轴线重合，且螺母块台阶面的下表面与底座上表面接触，删除被挡住的线条，整理后如图 12-5 所示。

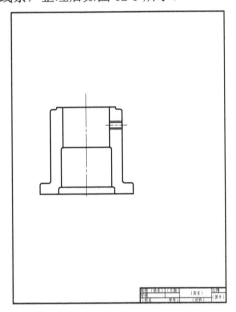

图 12-4　底座图形复制结果

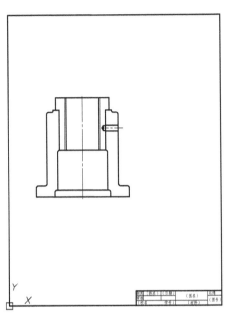

图 12-5　螺母图形复制结果

5）按照相同的方法逐个复制挡圈、螺杆、顶垫，结果分别如图 12-6 ～图 12-8 所示。

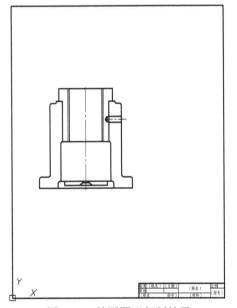

图 12-6　挡圈图形复制结果

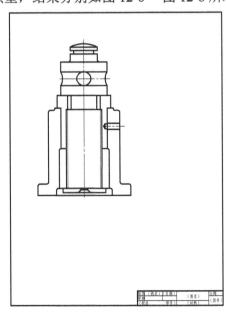

图 12-7　螺杆图形复制结果

6）将三个螺钉装到主视图中，主视图全剖，并画剖面线，结果如图 12-9 所示。

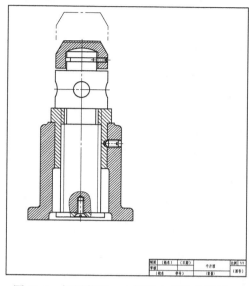

图 12-8 顶垫图形复制结果   图 12-9 螺钉装配、主视图全剖后的图形

7）绘制其他辅助视图。俯视图采用沿螺杆与螺母结合面剖切表达，如图 12-10 所示；增加单独表示件 4、件 5 的辅助视图，如图 12-11 所示。

8）检查视图，无误后标注尺寸，标注序号，填写标题栏和明细栏，注写技术要求。结果如图 12-1 所示。

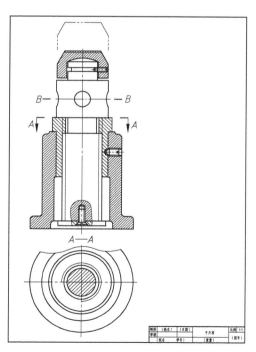

图 12-10 俯视图沿结合面剖切

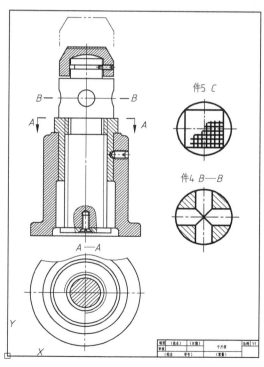

图 12-11 单独表示件 4、件 5

任务 12.4　上机练习

12.4.1　练习目的

1）掌握由零件图拼画装配图的方法与步骤。

2）掌握典型机构装配图的拼画方法。

12.4.2　练习要求

1）按照国家标准要求，绘制千斤顶零件图，如图 11-1、图 11-2、图 11-23 ～ 图 11-25 所示。

2）正确拼画千斤顶装配图，如图 12-11 所示。

12.4.3　拼画装配图的步骤

1）新建图形文件，选择"A3 竖放"样板文件并打开，保存文件，指定图形文件保存路径和名称。

2）采用剪贴板交换数据法逐个进行图形复制、粘贴、整理，完成图形的拼画。

3）检查无误后进行剖面填充。

4）进行尺寸标注。

5）标注引线序号，填写技术要求，填写标题栏与明细栏信息。

6）检查、保存。

项目 13

图形输出

利用 AutoCAD 2016 软件包绘制好零件图和装配图后，通常需要将绘制的机械图样打印到图纸上，中文版 AutoCAD 2016 为用户提供了完善的图形打印功能。在打印输出图形之前，必须在系统配置命令中按型号配置打印机绘图仪及设置一些相关参数，然后在打印配置对话框中合理设置打印参数，以提高图形输出效率和质量。

学习提要
- 配置图形输出设备
- 设置图形输出方式

任务 13.1　配置打印机

启动 AutoCAD 2016，选择"工具"→"向导"→"添加绘图仪"命令，弹出"添加绘图仪 - 简介"对话框，本向导可配置现有的 Windows 绘图仪或新的非 Windows 系统绘图仪。单击"下一步"按钮，弹出"添加绘图仪 - 开始"对话框，如图 13-1 所示。在该对话框中

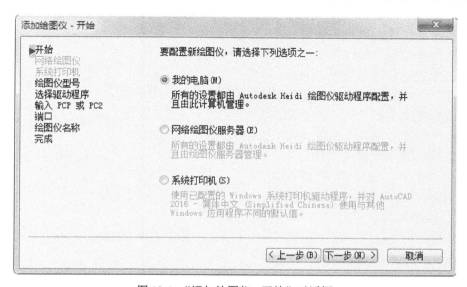

图 13-1　"添加绘图仪 - 开始"对话框

有"我的电脑""网络绘图仪服务器"和"系统打印机"3 个单选按钮。在进行非网络打印时，一般选择"我的电脑"单选按钮，此时所有的设置均由 Autodesk Heidi 绘图仪驱动程序配置，并由本地计算机管理；"网络绘图仪服务器"单选按钮用于网络打印，要求用户指定已存在的网络绘图仪服务器的名称及共享绘图仪的名称；"系统打印机"单选按钮则表示使用 Windows 系统已经设置好的打印机打印。

在此选择"我的电脑"单选按钮，单击"下一步"按钮，弹出"添加绘图仪 - 绘图仪型号"对话框，从生产商列表框中选择生产厂商，然后在型号列表框中选择所用绘图仪的型号。

单击"下一步"按钮，弹出"添加绘图仪 - 输入 PCP 或 PC2"对话框，用户确定是否从原来保存的 PCP 或 PC2 文件中输入绘图仪特定信息。如果输入，单击对话框中的"输入文件"按钮，在弹出的对话框中选择相应文件即可。

单击"下一步"按钮，弹出"添加绘图仪 - 端口"对话框，如图 13-2 所示。在该对话框中，用户可通过"打印到端口""打印到文件"和"后台打印"3 个单选按钮确定打印方式。若选择"打印到端口"单选按钮，应在下方的列表框中选择绘图仪连线的通信端口。确定端口后，可以通过单击"配置端口"按钮对某一端口进行参数配置。

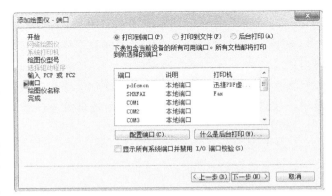

图 13-2 "添加绘图仪 - 端口"对话框

单击"下一步"按钮，弹出"添加绘图仪 - 绘图仪名称"对话框。用户可接受默认的绘图仪配置名，或者在"绘图仪名称"文本框中输入新名称，这样可确定新绘图仪的标识名称。

单击"下一步"按钮，弹出"添加绘图仪 - 完成"对话框，如图 13-3 所示。在该对话框中，用户可通过单击"编辑绘图仪配置"按钮对添加的绘图仪默认配置进行编辑修改，包括修改打印端口、选择介质、设置图形打印质量和自定义图纸尺寸等；也可以通过单击"校准绘图仪"按钮，启动校准绘图仪向导来校准绘图仪。单击"完成"按钮，完成添加绘图仪的操作，该绘图仪配置文件保存在

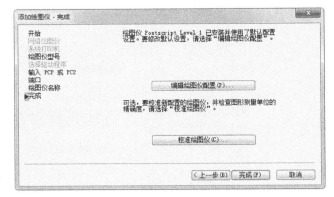

图 13-3 "添加绘图仪 - 完成"对话框

AutoCAD 2016 安装目录下的 Plotters 子目录中。

用户还可以利用仪器管理器编辑已有的绘图仪配置。操作方法是：选择"文件→绘图仪管理器"命令，打开 Plotters 窗口。

在该窗口中已经列出了当前已配置好的绘图仪，双击某一绘图仪配置图标，AutoCAD 2016 弹出绘图仪配置编辑器，在此编辑器中，可编辑已有的绘图仪配置，还可以通过双击

"添加绘图仪向导"快捷方式，启动添加绘图仪向导，为 AutoCAD 2016 添加新的打印设备。此外，用户也可以通过该绘图仪管理器窗口删除已有的绘图仪配置。

任务 13.2 图样输出命令

利用图样输出命令可以将图形输出到绘图仪、打印机或图形文件中。AutoCAD 2016 的打印和绘图输出非常方便，其中打印预览功能非常有用，可实现所见即所得。AutoCAD 2016 支持所有的标准 Windows 输出设备。

13.2.1 图样输出的操作方法

图样输出的操作方法有以下 4 种：

（1）命令行　输入"Plot"后按< Enter >键。

（2）菜单　选择"文件"→"打印"命令。

（3）图标　单击标准工具栏中的 🖨 图标。

（4）快捷键　使用快捷键< Ctrl+P >。

13.2.2 打印对话框

在打开"打印"对话框时，系统自动识别当前布局。从模型空间出图，则布局名为模型；若从图纸空间出图，则布局名为布局 1、布局 2 或其他自定义布局名。

1. 打印设备

"打印 - 模型"对话框如图 13-4 所示，用于配置打印设备及选择打印样式。

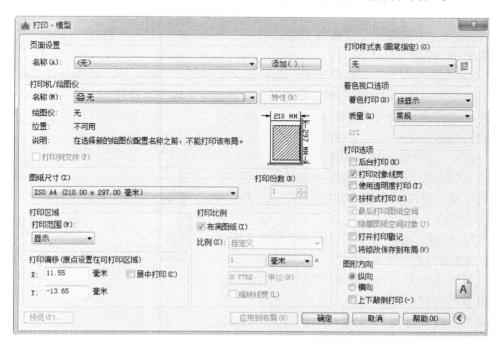

图 13-4　"打印 - 模型"对话框

（1）"打印机 / 绘图仪"选项组　在"打印机 / 绘图仪"选项组中的"名称"下拉列表框中显示已配置的打印设备，用户可从中选择某一设备作为当前打印设备。一旦确定了当前打印设备，AutoCAD 2016 就会在"名称"下拉列表框中显示有关该设备的信息。

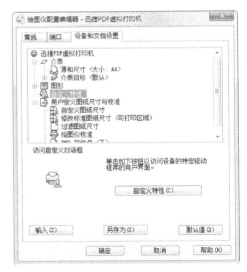

在"打印机 / 绘图仪"选项组中，单击"特性"按钮，弹出图 13-5 所示的"绘图仪配置编辑器"对话框。在该对话框中可以重新设定绘图仪端口连接及其他输出设置，如打印介质、图形、用户定义图纸尺寸与校准等。

1）绘图仪配置选项设置。"绘图仪配置编辑器"对话框包括"常规""端口"和"设备和文档设置"3 个选项卡，各选项卡功能如下：

图 13-5　"绘图仪配置编辑器"对话框

"常规"选项卡包含绘图仪配置文件（PC3）的基本信息，如配置名称、驱动程序信息、绘图仪端口等。

"端口"选项卡：通过此选项卡，用户可修改计算机与绘图仪的连接设置，如选定打印到某端口、指定打印到文件、后台打印等。

"设备和文档设置"选项卡：可以指定图纸来源、尺寸、类型，并能修改颜色深度、打印分辨率等。

2）自定义图纸尺寸 - 开始。在"设备和文档设置"选项卡中，最常用的功能是自定义纸张大小和设定图纸打印区域。自定义方法如下：在"设备和文档设置"选项卡中，单击"自定义图纸尺寸"选项，在"自定义图纸尺寸"选项组中，单击"添加"按钮，弹出"自定义图纸尺寸 - 开始"对话框。

3）自定义图纸尺寸 - 可打印区域。按照自定义图纸尺寸的向导，依次设置，即可完成自定义图纸介质边界、可打印区域、图纸尺寸名、文件名等项的设置。

若要修改标准图纸的可打印区域，可在图 13-5 所示的对话框中单击"修改标准图纸尺寸（可打印区域）"选项，在"修改标准图纸尺寸"选项组中，单击"修改"按钮，弹出"自定义图纸尺寸 - 可打印区域"对话框，在该对话框中可完成标准图纸的可打印区域设置。

（2）"打印样式表"选项组　用来确定准备输出图形的有关参数。

在"打印样式表"选项组的下拉列表框中列出了当前有效的打印样式表供用户选择。此外，用户还可以编辑、新建打印样式表。选择一种打印样式后，可单击"编辑"按钮🔲，弹出"打印样式表编辑器"对话框，如图 13-6 所示。

图 13-6　"打印样式表编辑器"对话框

2.打印设置

打印设置主要设置图纸幅面、打印比例、打印偏移、打印选项和图形方向等参数，如图13-7 所示。

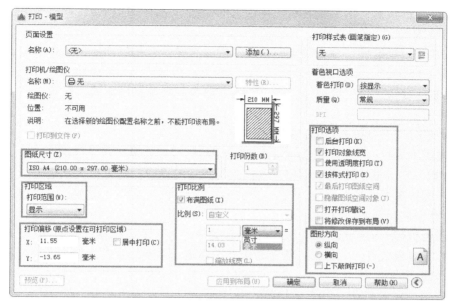

图 13-7　"打印"设置对话框

（1）"图纸尺寸"选项组　该选项组用于设置当前打印设备的标准图纸尺寸和图纸单位。用户可以从"图纸尺寸"下拉列表框中确定与指定打印设备相对应的图纸尺寸，完成后则在"打印区域"处显示图纸上的可打印范围。实际打印范围是用宽度方向（X轴方向）和高度方向（Y轴方向）的尺寸来说明的。如果没有选择打印设备，则整个图纸尺寸就是可打印范围。

打印设备的默认图纸尺寸是创建 PC3 文件时设置的，在此设置的图纸尺寸将保存在布局中并覆盖 PC3 文件的设置。此外，还可通过"英寸"或"毫米"单选按钮确定图纸的单位。

（2）"打印区域"选项组　该选项组用于设置实际打印的区域。单击"打印范围"下拉列表框，显示"窗口""范围""视图""图形界限""显示"五个选项。选择"窗口"，可输出用户自定义的可打印区域内的图形，具体方法为：选择"窗口"，切换到绘图窗口中，用户可以指定一个区域的两个对角点或输入坐标值来确定一个打印区域。选择"范围"，则输出图样中的所有图形对象；选择"显示"，则输出模型空间中的当前视口中的视图；选择"视图"，则设置输出由"View"命令保存的视图。用户可以从系统提供的已命名的视图下拉列表框中选择，如果图形中没有保存视图，则此选项不可用；选择"图形界限"，则将图形按设定的图形界限（即用"图形界限"命令来设置的图形界限）范围打印在图纸上。

（3）"打印偏移"选项组　确定打印区域相对于图纸左下角点的偏移量。

"居中打印"复选框：勾选时系统自动计算偏移量，使图形位于图纸的中央位置。

X、Y 编辑框：图形在图纸上的位置由"打印偏移"确定，默认情况下，打印原点位于左下角，坐标为（0，0）。用户可以在 X、Y 编辑框中自定义打印原点，从而使图形在图纸上沿 X 轴、Y 轴方向移动。

（4）"打印比例"选项组　该选项组用于控制打印区域的比例。打印布局时默认比例是

1 : 1，打印模型空间时默认比例是"按图纸空间缩放"。当用户从"比例"下拉列表框中选择标准缩放比例时，比例因子就显示在"自定义"编辑框中。

"比例"下拉列表框：定义打印的精确比例。

"自定义"编辑框：用于设置用户自定义的比例。用户可以指定打印时 1 英寸或 1 毫米等于多少图形单位。

"缩放线宽"复选框：用于确定所绘图形的线宽是否也按打印比例进行缩放。勾选该复选框可实现线宽缩放，否则不缩放。

（5）"着色视口选项"选项组　指定着色和渲染视口的打印方式，并确定它们的分辨率大小和 DPI 值。

1）"着色打印"下拉列表框：指定视图的打印方式。

2）"质量"下拉列表框：指定着色和渲染视口的打印质量。

3）"DPI"文本框：指定渲染和着色视图每英寸的点数，最大可为当前打印设备分辨率的最大值。只有在"质量"下拉列表框中选择了"自定义"后，此选项才可使用。

（6）"打印选项"选项组

1）"后台打印（K）"复选框：指定在后台处理打印（BACKGROUNDPLOT 系统变量）。

2）"打印对象线宽"复选框：指定是否打印指定对象和图层的线宽。如果勾选"按样式打印"，则该选项不可用。

3）"使用透明度打印（T）"复选框：指定是否打印对象透明度。仅当打印具有透明对象的图形时，才使用此选项。

4）"按样式打印（E）"复选框：指定是否打印应用于对象和图层的打印样式。如果选择该选项，也将自动选择"打印对象线宽"。

5）"最后打印图纸空间"复选框：指定首先打印模型空间几何图形。通常是先打印图纸空间几何图形，然后再打印模型空间几何图形。

6）"隐藏图纸空间对象（J）"复选框：指定"隐藏"操作是否应用于布局视口中的对象。此设置的效果反映在打印预览中，而不反映在布局中。

7）"打开打印戳记"复选框：在每个图形的指定角上放置打印戳记并 / 或将戳记记录到文件中。打印戳记设置可以在"打印戳记"对话框中指定，在该对话框中指定要应用于打印戳记的信息，如图形名称、日期和时间、打印比例等。

8）"将修改保存到布局（V）"复选框：将在"打印"对话框中所做的修改保存到布局。

（7）"图形方向"选项组　用于选择打印时图形是纵向、横向，还是上下颠倒打印。

3. 打印预览

完成前面"打印 - 模型"对话框的设置后，单击"确定"按钮即可执行打印操作。通常，在正式打印前，还需要通过预览观察打印效果，如不合适则需要重新调整。用户可单击"预览"按钮，显示要打印的整图。确认所打印图形准确无误后，可按＜ Esc ＞键或＜ Enter ＞键退出预览。

4. 打印输出

完成各项打印设置并经打印预览确认后，单击"打印 - 模型"对话框中的"确定"按钮，即可打印输出图形。

按照以上方法，将千斤顶的一套图样打印输出。

第 2 篇

AutoCAD 2016 三维绘图

项目 14

三维建模

实体模型是常用的三维模型，因为三维图形具有较强的立体感和真实感，可以更清晰、全面地表达构成空间立体各组成部分的形状及相对位置，所以在进行设计时，设计人员往往是从构思三维立体模型开始的。为此，AutoCAD 2016 提供了绘制多段体、长方体、楔体、球体、圆柱体、圆锥体和圆环体等基本几何实体的命令。此外，还可以对三维实体进行实体编辑、布尔运算，以及体、面、边的编辑，创建更多复杂的模型。

学习提要
- 三维绘图基础
- 三维实体建模
- 三维实体编辑

任务 14.1　AutoCAD 2016 三维建模工作空间

三维建模工作空间界面与二维草图和注释空间界面相似。在进行三维设计时，可以使用"三维建模"工作空间来绘图。要想创建三维模型，首先要切换至 AutoCAD 2016 三维工作空间。

操作方法：选择"工具"→"工作空间"→"三维建模"菜单命令；单击默认工作界面左上角的"工作空间"列表框 ，在弹出的下拉列表框中选择三维建模，如图 14-1 所示；单击状态栏中的"切换工作空间"按钮 ，在弹出的菜单中选择"三维建模"，如图 14-2 所示。

图 14-1　通过列表框选择

图 14-2　通过菜单选择

执行上面操作中的任何一种，均可以快速切换到"三维建模"工作空间，如图 14-3 所示。其"功能区"选项板集中了三维建模、视觉样式、光源、材质、渲染和导航等面板，为绘制和观察三维图形、附加材质、创建动画、设置光源等操作提供了非常便利的环境。

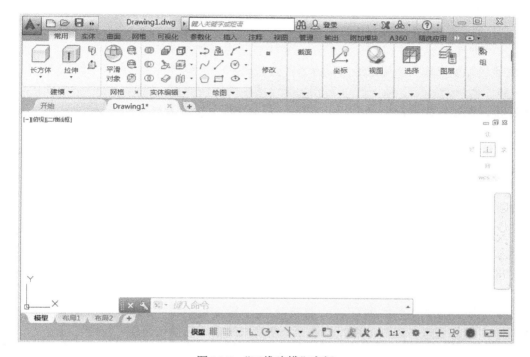

图 14-3　"三维建模"空间

任务 14.2　三维用户坐标系（UCS）

在绘制三维图形时，经常会在形体的不同表面上创建模型，这就需要用户不断地改变当前的绘图面。如果不重新定义坐标系，系统将默认世界坐标系（WCS）的 XY 平面为绘图基本面，而世界坐标系是固定的，所以用户必须自己定义当前坐标面。AutoCAD 2016 提供了另外一种坐标系——用户坐标系（UCS）。定义 UCS 是为了改变原点（0，0，0）的位置以及 XY 平面和 Z 轴的方向，对象将绘制在当前 UCS 的 XY 平面上，使三维绘图简化为二维平面绘图。

14.2.1　建立用户坐标系的方法

操作方法：在命令行中输入"UCS"，按 < Enter > 键；调用"工具→新建 UCS"命令；单击"坐标"面板中的"UCS"按钮，如图 14-4 所示。

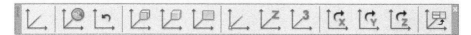

图 14-4　"坐标"面板

AutoCAD 2016 提供了多种方法定义用户坐标系：指定新原点、新 XY 平面或新 Z 轴；使新 UCS 与现有的对象对齐；使新 UCS 与当前视图方向对齐；绕任意一轴旋转当前的 UCS。

14.2.2　UCS 工具栏中各按钮的含义

（1）UCS 按钮　执行 UCS 命令。

（2）"世界 UCS"按钮　该按钮用来切换回模型或视图的世界坐标系，即 WCS 坐标系。世界坐标系也称为通用或绝对坐标系，它的原点位置和方向始终保持不变。

（3）"上一个 UCS"按钮　它相当于绘图中的撤销操作，可返回上一个绘图状态。但区别在于，该操作仅返回上一个 UCS 状态，其他图形保持更改后的效果。

（4）"面 UCS"按钮　将 UCS 按所选择的实体表面进行设置。

（5）"对象 UCS"按钮　该按钮通过选择一个对象定义一个新的坐标系，坐标轴的方向取决于所选对象的类型。

（6）"视图 UCS"按钮　该按钮可使新坐标系的 XY 平面与当前视图方向垂直，Z 轴与 XY 面垂直，而原点保持不变。

（7）"原点 UCS"按钮　设定相对于当前 UCS 的新原点，用于修改当前用户坐标系原点的位置。

（8）"Z 轴矢量 UCS"按钮　使用 Z 轴的正半轴来定义 UCS。

（9）"三点 UCS"按钮　设定新 UCS 的坐标原点及其 X 轴和 Y 轴的正方向。

（10）"X 轴旋转 UCS"按钮　将当前 UCS 绕 X 轴旋转一定的角度，从而生成新的用户坐标系。可以通过指定两个点或输入一个角度来确定所需要的角度。

（11）"Y 轴旋转 UCS"按钮　绕 Y 轴旋转当前的 UCS。

（12）"Z 轴旋转 UCS"按钮　绕 Z 轴旋转当前的 UCS。

14.2.3　建立用户坐标系实例

（1）世界坐标系　单击"世界 UCS"按钮，设置世界坐标系为当前坐标系，如图 14-5a 所示。

（2）旋转用户坐标系　单击"X 轴旋转 UCS"按钮后按＜ Enter ＞键，UCS 绕 X 轴逆时针方向旋转 90°，如图 14-5b 所示。

（3）移动用户坐标系　单击"原点 UCS"按钮，选择长方体左下角为新原点位置，则坐标原点移动到长方体左下角，如图 14-5c 所示。

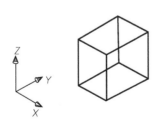

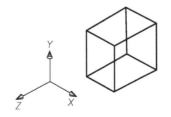

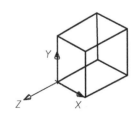

a) 世界坐标系　　　　　　　b) 旋转用户坐标系　　　　　　　c) 移动用户坐标系

图 14-5　建立用户坐标系

任务 14.3   三维图形的观察与显示

AutoCAD 2016 提供了 10 个标准视图，使用不同的视图可以从不同的方向观察图形。有时为了更方便地观察图形的不同位置，AutoCAD 2016 还提供了三维动态观察、视觉样式等强大的观察工具，用户可以在任何位置观察图形。

14.3.1   视图

在观察三维图形时，可通过设置不同的视点来产生不同的视图效果。AutoCAD 2016 内设了 6 个标准的二维投影视图（俯视图、仰视图、左视图、右视图、主视图、后视图）和 4 个标准轴测图（西南等轴测图、东南等轴测图、东北等轴测图和西北等轴测图）。在生成三维对象的标准视图时，用户不用自己设置视点，而只要选择相应的标准视图即可。

操作方法：单击"视图"面板中"三维导航"下拉列表框中的 ![未保存的视图] ，在弹出的下拉列表中选择。

【例 14-1】 图 14-6 所示为轴承座在不同视图中的显示。

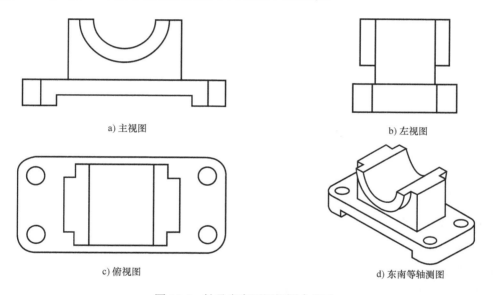

a) 主视图   b) 左视图

c) 俯视图   d) 东南等轴测图

图 14-6   轴承座在不同视图中显示

14.3.2   视觉样式

通常所绘制的实体是用线框来表示的，都是一根一根的线条，与实物看上去有很大的差别。当图形比较复杂时，更是难以分辨出实体的真实形状。"视觉样式"用于改变模型在视口中的显示外观，可以让实体显示出真实的形状，达到一定的视觉效果。"视觉样式"是一组设置，用来控制视口中边和着色的设置。

操作方法：单击"视图"面板中的"视觉样式"列表框中的 ![二维线框] ，在弹出的下拉列表中选择。

从"视觉样式"工具栏中可以看出，AutoCAD 2016 提供了 10 种默认视觉样式，其中常用的 5 种如图 14-7 所示。

- 二维线框：以线框形式显示对象，在二维线框视图中，坐标系无色。
- 线框：以线框形式显示对象，同时显示着色的 UCS 图标。
- 隐藏：以三维线框形式显示对象并隐藏被遮挡的线条。
- 真实：对模型表面进行着色，显示已附着于对象的材质。
- 概念：对模型表面进行着色，效果缺乏真实感，但可以很清晰地显示模型细节。

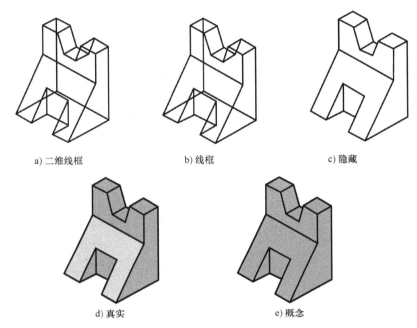

a) 二维线框　　　　　　b) 线框　　　　　　c) 隐藏

d) 真实　　　　　　e) 概念

图 14-7　常用的 5 种视觉样式

14.3.3　动态观察

动态观察给用户提供了一种更加直观、方便观察三维图形的方法，用户可以通过鼠标连续地调整观察方向，得到不同观察方向上的三维视图。

操作方法：单击"导航栏→动态观察"列表框，在弹出的下拉列表中选择。

（1）受约束的动态观察按钮 ⊕　　视图的目标保持静止，而视点围绕目标移动，但看起来好像三维模型正在随着指针的拖动而旋转。

（2）自由动态观察按钮 ⊘　　启动自由动态观察后，屏幕中围绕观察对象形成一个辅助圆，在辅助圆上平均分布 4 个小圆，如图 14-8 所示。按住鼠标左键在屏幕中拖动时，坐标系和观察对象将沿着一定的方向旋转。鼠标起点的位置不同，指针共有 4 种不同的形状，不同的形状代表了不同的旋转方式。

（3）连续动态观察按钮 ⊘　　连续动态观察可以使观察对象连续旋转翻滚，如同动画一样。启动该命令后，指针变成图 14-9 所示形状。在绘图区内任意位置按下鼠标左键并沿着某方向拖动指针，对象沿该方向转动，释放鼠标左键后，对象朝这个方向继续转动，转动的速度取决于拖动指针的速度。在绘图区内任意位置单击，旋转即停止。

图 14-8　自由动态观察

图 14-9　连续动态观察

任务 14.4　绘制三维基本实体

在 AutoCAD 2016 中，可通过选择"绘图→建模"中的命令，或单击"建模"控制面板中的按钮来创建三维基本实体。这些按钮的功能及操作时要输入的主要参数见表 14-1。

表 14-1　创建基本实体的按钮功能及输入参数

按钮	功能	输入参数
▢	创建长方体	指定长方体底面的一个角点、另一角点及长方体高度
◁	创建楔形体	指定楔形体底面的一个角点、另一角点及楔形体高度
△	创建圆锥体及圆锥台	指定圆锥体底面的中心点、底面半径及锥体高度
		指定圆锥台底面的中心点、底面半径、顶面半径及圆锥台高度
○	创建球体	指定球心，输入球半径
▢	创建圆柱体	指定圆柱体底面的中心点、底面半径及圆柱高度
◎	创建圆环	指定圆环中心点、圆环体半径及圆管半径
△	创建棱锥体及棱锥台	指定棱锥体底面边数及中心点，输入锥体底面半径及锥体高度
		指定棱锥台底面边数及中心点，输入棱锥台底面半径、顶面半径及棱锥台高度

【例 14-2】　创建圆柱体。

1）进入三维建模工作界面。单击"视图"面板中的"三维导航"列表框，在弹出的下拉列表中选择"东北等轴测"选项，切换到东北等轴测图。单击"视图"面板中的"视觉样式"列表框，设定当前模型的显示方式为"二维线框"。

2）单击"三维建模"面板上的▢按钮，命令行提示如下：

命令：Box

指定底面的中心或［三点（3p）/两点（2p）/相切、相切、半径（T）/椭圆（E）］:（指定圆柱体底面中心）

指定底面半径或［直径（D）］: 20 ✓（输入圆柱体半径并按＜Enter＞键）

指定高度或［两点（2p）/轴端点（A）］: 50 ✓（输入圆柱体高度并按＜Enter＞键，结果如图 14-10a 所示）

3）改变实体表面网格线的密度。

命令：Isolines

输入 Isolines 的新值 <8>: 40 ✓

选择"视图→重生成"命令，重新生成模型，实体表面网格线变得更加密集，如图 14-10b 所示。单击"渲染"工具栏中的"隐藏"按钮 🔘，对圆柱体进行消隐，效果如图 14-10c 所示。

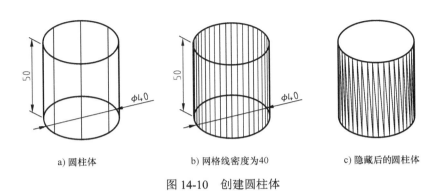

a) 圆柱体   b) 网格线密度为40   c) 隐藏后的圆柱体

图 14-10　创建圆柱体

任务 14.5　利用二维对象创建三维实体

三维实体模型可以用基本实体命令创建，也可以利用二维平面图形来生成。创建三维实体是学习 AutoCAD 2016 的一个重要部分。AutoCAD 2016 提供了多种创建、编辑三维实体模型的命令。

14.5.1　拉伸实体

利用"拉伸"命令可以拉伸二维对象，生成实体或曲面。若拉伸闭合对象，则生成实体，否则生成曲面。操作时，用户可指定拉伸高度值及拉伸对象的锥角，还可沿某一直线或曲面路径进行拉伸。这是实际工程中创建复杂三维实体最常用的一种方法。

操作方法：在命令行中输入"Extrude"（拉伸），按＜ Enter ＞键；单击"建模"面板中的"拉伸"按钮 📷；调用"绘图→建模→拉伸"菜单命令。

执行"拉伸"命令后，命令行提示如下：

命令：Extrude

当前线框密度：ISOLINES=20

选择要拉伸的对象：（选择要拉伸的二维对象）

选择要拉伸的对象：（继续选择要拉伸的二维对象或按＜ Enter ＞键结束选择）

指定拉伸的高度或［方向（D）/路径（P）/倾斜角（T）］：（输入拉伸高度）✓

（D ✓，通过指定的两点来确定拉伸的长度和方向）

（P ✓，选择基于曲线对象的拉伸路径）

（T ✓，输入拉伸时的倾斜角度，介于 -90°～ 90°）

【例 14-3】　利用拉伸功能创建 V 形块，如图 14-11 所示。

1）绘制 V 形块截面轮廓线。

2）将轮廓线转换为面域。

3）拉伸面域形成实体。

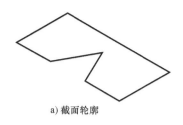 

a) 截面轮廓　　　　　　　　　　　　b) 拉伸实体

图 14-11　拉伸面域形成实体

14.5.2　旋转实体

利用"旋转"命令可以将二维图形绕某一旋转轴旋转，生成三维实体或曲面。若二维对象是闭合的，则生成实体，否则生成曲面。操作时，用户通过选择直线、指定两点或 X、Y 轴来确定旋转轴。

操作方法：在命令行中输入"Revolve"（旋转），按＜ Enter ＞键；单击"建模"面板中的"旋转"按钮　；调用"绘图→建模→旋转"菜单命令。

【例 14-4】　利用"旋转"命令创建三维实体，如图 14-12 所示。

1）绘制图 14-12a 所示的截面轮廓线和旋转轴。

2）将轮廓线转换为面域。

3）绕旋转轴 AB 创建旋转实体，命令行提示如下：

命令：Revolve

当前线框密度：ISOLINES=20

选择要旋转的对象：找到 1 个（选择要旋转的面域）

选择要旋转的对象：↙（按＜ Enter ＞键结束选择）

指定轴起点或根据以下选项之一定义轴［对象（O）/X/Y/Z］＜对象＞：（选择 A 点）

指定轴端点：（选择 B 点）

指定旋转角度或［起点角度（ST)]<360>：180 ↙（输入旋转角度 180°后按＜ Enter ＞键）

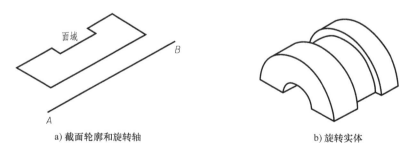

a) 截面轮廓和旋转轴　　　　　　　　　　b) 旋转实体

图 14-12　旋转面域形成实体

14.5.3　扫掠实体

"扫掠"命令用于沿指定路径以指定轮廓形状生成三维实体或曲面。如果沿一条路径扫掠闭合的曲线，则生成实体；如果沿一条路径扫掠开放的曲线，则生成曲面。

"扫掠"命令与"拉伸"命令不同，沿路径扫掠轮廓时，轮廓被移动并与路径垂直对齐，然后沿路径扫掠。

操作方法：在命令行中输入"Sweep"（扫掠），按< Enter >键；单击"建模"面板中的"扫掠"按钮🍃；调用"绘图→建模→扫掠"菜单命令。

【例 14-5】 利用"扫掠"命令创建三维实体，如图 14-13 所示。

1）绘制图 14-13a 所示的扫掠轮廓线和扫掠路径曲线（用"多段线"命令绘制）。

2）将扫掠对象沿扫掠路径扫掠成实体，命令行提示如下：

命令：Sweep

当前线框密度：ISOLINES=20

选择要扫掠的对象：找到 1 个（选择扫掠轮廓线）

选择要扫掠的对象：↙（按< Enter >键结束选择）

选择扫掠路径或［对齐（A）/ 基点（B）/ 比例（S）/ 扭曲（T）］：（选择扫掠路径曲线）

a) 扫掠轮廓线和扫掠路径曲线　　　　　　　　　　b) 扫掠实体

图 14-13　扫掠形成实体

提示：绘制图形时如果没有使用多段线，则绘制的图形是不闭合的线段，那么将会生成一系列的曲面。为了使绘图快捷方便，可以用"多段线编辑"命令将所绘制的不闭合曲线转换为闭合的多段线或使用"面域"命令转换成面域。

任务 14.6　三维实体的布尔运算

前面已经介绍了如何生成基本三维实体以及由二维对象转换得到三维实体，将这些简单实体放在一起，然后进行布尔运算，就能构造复杂的三维模型。布尔运算不仅可以应用于实体，还可以应用于面域。

布尔运算包括并集、差集、交集。

14.6.1　并集

利用"并集"命令对所选择的两个或两个以上三维实体或曲面进行求并集运算，使其成为一个整体。

操作方法：在命令行中输入"Union"（并集），按< Enter >键；单击"实体编辑"面板中的"并集"按钮⚪；调用"修改→实体编辑→并集"菜单命令。

【例 14-6】 利用"并集"运算将图 14-14a 所示两个圆柱体合并成一个三维实体。

1）执行"圆柱体"命令，创建直径为 40mm、高度为 50mm 竖直放置的圆柱体。

2）执行"圆柱体"命令，创建直径为 20mm、高度为 80mm 水平放置的圆柱体。

3）执行"并集"命令，命令行提示如下：

命令：Union

选择对象：找到 1 个（选择圆柱体）

选择对象：找到 1 个，共计 2 个（选择另一圆柱体）

选择对象：（选中两个实体后，按＜ Enter ＞键结束选择，系统进行布尔运算，结果如图 14-14b 所示）

4）选择"视图→视觉样式→概念"命令对模型表面进行着色，结果如图 14-14c 所示。

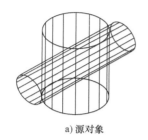
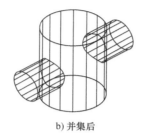

a) 源对象　　　　　　　　　b) 并集后　　　　　　　c) 执行"概念"命令后的效果

图 14-14　"并集"操作

14.6.2　差集

利用"差集"命令可以从三维实体或面域中减去一个或多个实体或面域。操作时，首先选择被减对象，然后选择要减去的对象。

操作方法：在命令行中输入"Subtract"（差集），按＜ Enter ＞键；单击"实体编辑"面板中的"差集"按钮 ◍；调用"修改→实体编辑→差集"菜单命令。

【例 14-7】　利用"差集"运算将图 14-15a 所示的大圆柱体减去小圆柱体，生成图 14-15b 所示的三维实体。

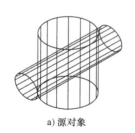

a) 源对象　　　　　　　　　b) 差集后　　　　　　　c) 执行"概念"命令后的效果

图 14-15　"差集"操作

1）执行"圆柱体"命令，创建竖直放置的大圆柱体和水平放置的小圆柱体。

2）执行"差集"命令，命令行提示如下：

命令：Subtract

选择要从中减去的实体或面域…

选择对象：找到 1 个（选择大圆柱体）

选择对象：✓（按＜ Enter ＞键结束选择）

选择要减去的实体或面域…

选择对象：找到 1 个（选择小圆柱体）

3）选择"视图→视觉样式→概念"命令对模型表面进行着色，结果如图 14-15c 所示。

14.6.3 交集

利用"交集"命令可创建由两个或多个实体重叠部分构成的新实体。

操作方法：在命令行中输入"Intersect"（交集），按 < Enter > 键；单击"实体编辑"工具栏中的"交集"按钮 ⑩；选择"修改→实体编辑→交集"命令。

【例 14-8】 利用"交集"命令对图 14-16a 所示的两个圆柱体进行交集运算，生成图 14-16b 所示的三维实体。

1）执行"圆柱体"命令，创建两个圆柱体。

2）执行"交集"命令，命令行提示如下：

命令：intersect

选择对象：找到 1 个

选择对象：找到 1 个，共计 2 个

选择对象：（选中两个实体后，按 < Enter > 键结束选择，系统进行布尔运算）

3）选择"视图→视觉样式→概念"命令对模型表面进行着色，结果如图 14-16c 所示。

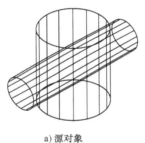 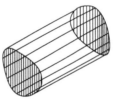 

a）源对象　　　　　　　　b）交集后　　　　　　c）执行"概念"命令后的效果

图 14-16　"交集"操作

14.6.4 绘制支架实体模型实例

支架实体模型如图 14-17 所示。

1）创建一个新图形。

2）打开"三维导航"面板中的"视图控制"下拉列表框，选择"东南等轴测"选项，切换到东南等轴测图。在 XY 平面上绘制底板的轮廓形状，并将其创建成面域，执行"差集"运算，结果如图 14-18 所示。

3）拉伸面域，形成底板的实体模型，改变实体表面网格线的密度（设置 Isolines=16），结果如图 14-19 所示。

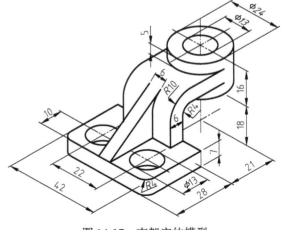

图 14-17　支架实体模型

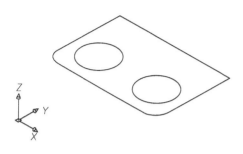

图 14-18　创建面域

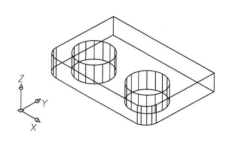

图 14-19　拉伸面域

4）创建新用户坐标系，在新 *XY* 平面上绘制弯板及三角形肋板的轮廓形状，并将其创建成面域，结果如图 14-20 所示。

5）拉伸面域，形成弯板及肋板的实体模型，结果如图 14-21 所示。

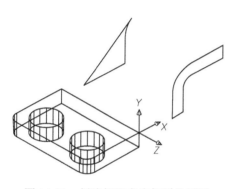

图 14-20　创建新用户坐标系及面域

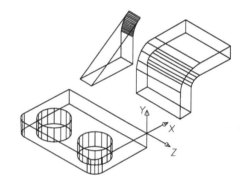

图 14-21　拉伸面域

6）执行"移动"命令，将弯板及肋板移动到正确的位置，结果如图 14-22 所示。

7）创建新用户坐标系，如图 14-23 所示。

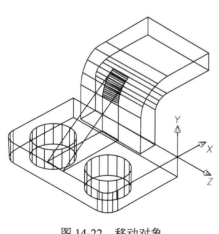

图 14-22　移动对象

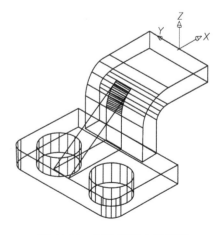

图 14-23　创建新用户坐标系

8）绘制两个圆柱体，执行"移动"命令将圆柱体移动到正确的位置，结果如图 14-24

所示。

9）合并底板、弯板、肋板及大圆柱体，使其成为一个整体，然后从该实体中减去小圆柱体，消隐后结果如图 14-25 所示。

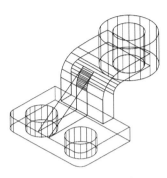

图 14-24　创建圆柱体

图 14-25　执行布尔运算

任务 14.7　三维实体编辑

跟二维平面绘图一样，编辑操作在三维绘图中也占有十分重要的地位。三维模型编辑与二维模型编辑有相同之处，也有一些区别。丰富的三维模型编辑命令可以使用户提高绘图效率，并绘制出复杂的三维模型。

14.7.1　三维实体镜像

"三维镜像（Mirror3d）"命令是二维镜像命令在三维绘图中的扩展，"Mirror3d"命令是以某平面作为镜像面来进行对象的镜像复制，不再使用二维绘图中的镜像直线的概念。

操作方法：在命令行中输入"Mirror3d"（三维镜像），按< Enter >键；调用"修改→三维操作→三维镜像"菜单命令。

【例 14-9】　利用"三维镜像"命令对图 14-26a 中的肋板进行镜像复制。

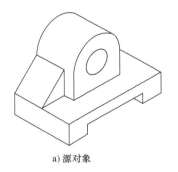

a) 源对象　　　　　　　　　　　b) 镜像后

图 14-26　三维镜像示例

命令：Mirror3d

选择对象：找到 1 个（选择镜像对象肋板）

选择对象：✓（按＜ Enter ＞键结束选择）

指定镜像平面（三点）的第一个点或［对象（O）/最近的（L）/Z 轴（Z）/视图（V）/XY 平面（XY）/YZ 平面（YZ）/ZX 平面（ZX）/ 三点（3）] <三点 >: ZX ✓（选择 ZX 平面）

指定 ZX 平面上的点 <0，0，0>:（选择镜像对称面上的一点）

是否删除源对象？［是（Y）/ 否（N）] <否 >：✓（按＜ Enter ＞键结束，结果如图 14-26b 所示）

14.7.2　三维实体阵列

"三维阵列（3darray）"命令是二维阵列命令在三维绘图中的扩展，通过此命令，用户可以在三维空间中创建对象的矩形或环形阵列。

操作方法：在命令行中输入"3darray"（三维阵列），按＜ Enter ＞键；调用"修改→三维操作→三维阵列"菜单命令。

【例 14-10】　利用"三维阵列"命令对图 14-27a 所示的凳子进行阵列复制。

命令：3darray

选择对象：找到 1 个（选择要阵列对象）

选择对象：✓（按＜ Enter ＞键结束选择）

输入阵列类型［矩形（R）/ 环形（P）] <矩形 >: P ✓（选择环形阵列）

输入阵列中的项目数目：6 ✓（输入环形阵列数目）

指定要填充的角度（+= 逆时针, –= 顺时针) <360>:（输入环形阵列角度后按＜ Enter ＞键）

旋转阵列对象？［是（Y）/ 否（N）] <Y>: ✓

指定阵列的中心点：（捕捉圆心）

指定旋转轴上的第二点：（捕捉圆心，结果如图 14-27b 所示）

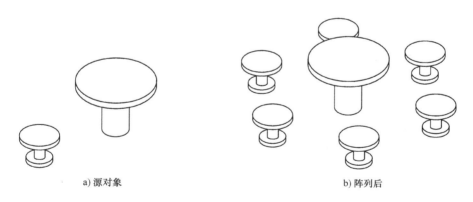

a) 源对象　　　　　　　　　　　　　　　　b) 阵列后

图 14-27　三维阵列示例

14.7.3　三维实体对齐

"三维对齐（3dalign）"命令通过移动、旋转或倾斜方式使三维空间中的源对象与目标对象的位置对齐。在对齐时有 3 种对齐方式：一对对齐点、两对对齐点、三对对齐点。对齐时先指定一个、两个或三个源点，然后指定相应的第一、第二或第三个目标点。第一个点称为基点，选定的对象将从源点移动到目标点，如果指定了第二点和第三点，则这两点将旋转并倾斜选定的对象。

操作方法：在命令行中输入"3dalign"（三维对齐），按＜Enter＞键；调用"修改→三维操作→三维对齐"菜单命令。

【例 14-11】 利用"三维对齐"命令对图 14-28 进行编辑。

命令：3dalign

选择对象：找到 1 个（选择对象 1）

选择对象：↙（按＜Enter＞键结束选择）

指定源平面和方向 ...

指定基点或［复杂（C）］：（捕捉 A 点）

指定第二个点或［继续（C）］＜C＞：（捕捉 B 点）

指定第二个点或［继续（C）］＜C＞：（捕捉 C 点）

指定目标平面和方向 ...

指定第一个目标点：（捕捉 D 点）

指定第二个目标点或［退出（X）］＜X＞：（捕捉 E 点）

指定第三个目标点或［退出（X）］＜X＞：（捕捉 F 点）

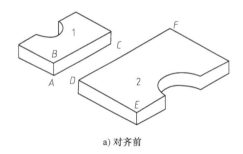
a）对齐前

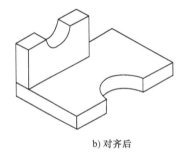
b）对齐后

图 14-28　三维对齐

14.7.4　三维实体倒角与圆角

利用"Chamfer"和"Fillet"命令可以对二维对象进行倒角及倒圆角。对于三维实体，同样可用这两个命令创建倒角及圆角，但操作方法与二维绘图中略有不同。

（1）三维实体倒角　操作方法：在命令行中输入"Chamfer"，按＜Enter＞键；单击"修改"面板中的"倒角"按钮⬜；调用"修改→倒角"菜单命令。

【例 14-12】 利用"倒角"命令编辑图 14-29a 所示的实体图形。

命令：Chamfer

当前倒角距离 1=5.00，2=5.00

选择第一条直线或［放弃（U）/多段线（P）/距离（D）/角度（A）/修剪

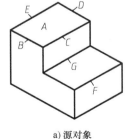
a）源对象

b）倒角和圆角后

图 14-29　倒角与圆角

（T）/方式（E）/多个（M）]：

基面选择…

输入曲面选择选项［下一个（N）/当前（OK）]＜当前＞：（选择棱边 B，如果高亮显示的不是 A 平面，则选择"下一个（N）"，直到平面 A 高亮显示，该面就是倒角基面）

指定基面的倒角距离：10 ✓

指定其他曲面的倒角距离 <10.0000>：✓

选择边或［环（L）]：（选择棱边 B）

选择边或［环（L）]：（选择棱边 C）

选择边或［环（L）]：（选择棱边 D）

选择边或［环（L）]：（选择棱边 E）

选择边或［环（L）]：✓（结束选择）

（2）三维实体圆角 操作方法：在命令行中输入"Fillet"，按＜Enter＞键；单击"修改"面板中的"圆角"按钮；调用"修改→圆角"菜单命令。

【例 14-13】 利用"圆角"命令编辑图 14-29b 所示的实体图形。

命令：Fillet

当前设置：模式 = 修剪，半径 =8.0000

选择第一个对象或［放弃（U）/多段线（P）/半径（R）/修剪（T）/多个（M）]：（选择棱边 F）

输入圆角半径 <8.0000>：（10 ✓）

选择边或［链（C）/半径（R）]：（选择棱边 G）

选择边或［链（C）/半径（R）]：✓（结束选择）

已选定 2 个边用于倒圆角。

任务 14.8 上机练习

14.8.1 练习目的

1）掌握用户坐标系的建立和三维视点的设置方法。

2）掌握绘制三维实体的操作方法。

3）掌握三维图形的消隐及图形编辑方法。

14.8.2 练习要求

1）根据视图上的尺寸绘制三维视图。

2）对三维图形进行消隐处理。

14.8.3 绘图方法和步骤

1）创建一个新图形文件，设置图形界限。

2）选择视点：东北等轴测绘制图形。

3）练习如图 14-30 ～图 14-39 所示。

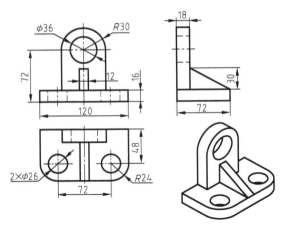

图 14-30　支座（一）

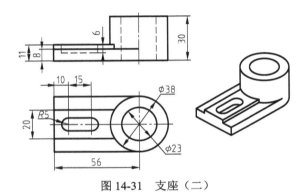

图 14-31　支座（二）

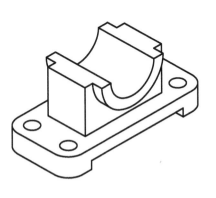

图 14-32　支座（三）

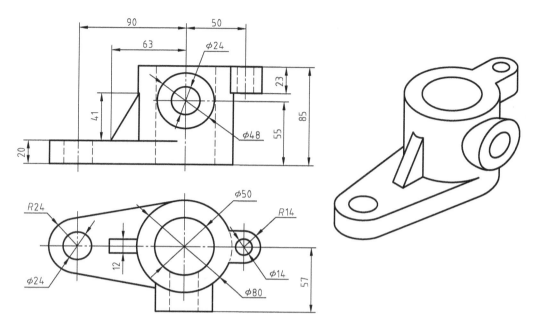

图 14-33　支座（四）

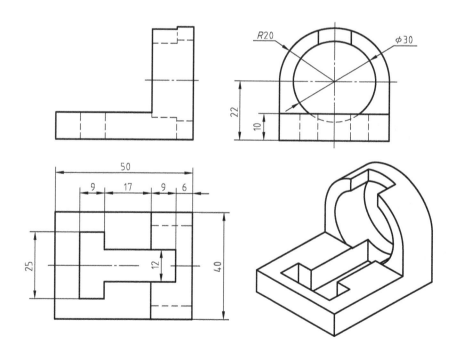

图 14-34　组合体（一）

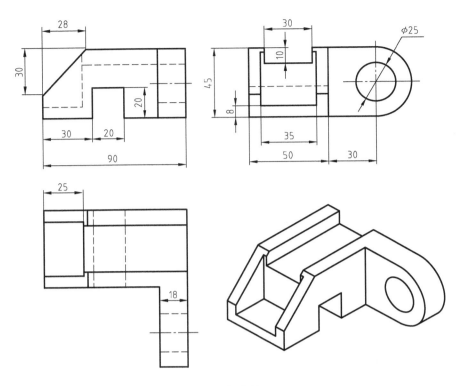

图 14-35　组合体（二）

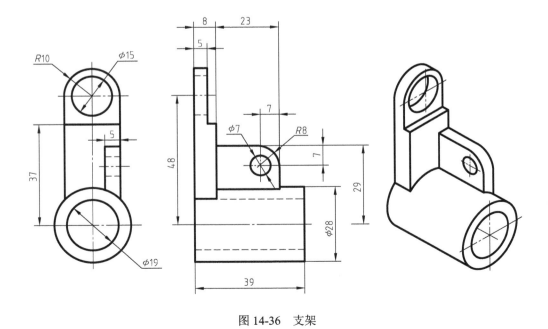

图 14-36　支架

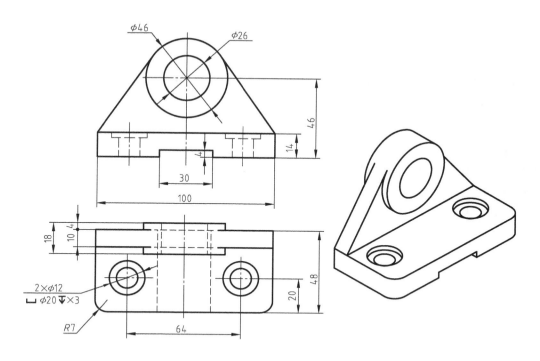

图 14-37　支座（五）

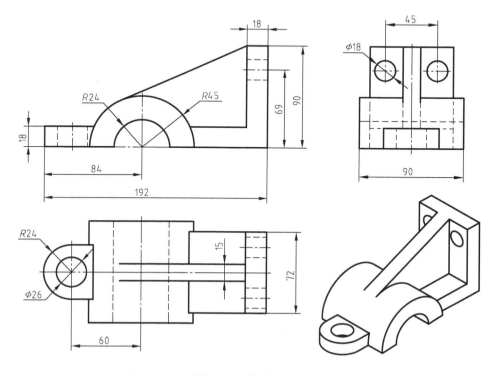

图 14-38　支座（六）

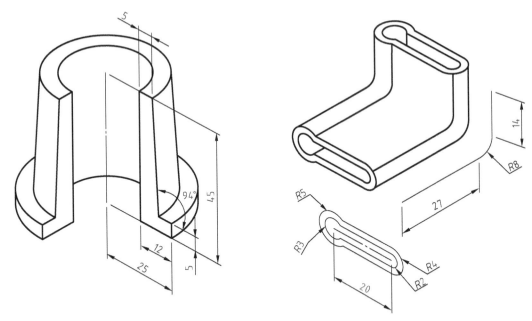

图 14-39　组合体（三）

项目 15

三维渲染

虽然模型的消隐视图和着色视图可以比较直观、形象地反映模型的整体效果，但其真实感还不能令人满意。为此，在 AutoCAD 2016 中，还可以使用渲染命令来为模型创建具有最终演示质量的渲染图。渲染是对三维实体模型加上材质、光源及环境等因素，可以更真实地表达模型的外观和纹理。渲染是输出图形前的关键步骤，尤其在效果图的设计中。

学习提要
- 设置材质
- 设置光源
- 设置背景
- 渲染

任务 15.1　设置材质

AutoCAD 2016 提供了丰富的材质库，用户可以从材质库中选择需要的材质，也可以通过调整颜色、透明度和反射率来自定义材质，然后将材质附着于三维实体上，产生更真实的效果。

15.1.1　从材质库选择材质

操作方法：单击"视图"面板中的"材质浏览器"图标按钮 ⊛ ，弹出"材质浏览器"面板，如图 15-1 所示。该面板左侧的"材质"列表中显示了当前可用的材质，其中"Global（全局）"为默认的材质。AutoCAD 2016 系统提供了近 150 种预定义材质，用户单击"Autodesk 库"按钮，弹出"材质库"列表，如图 15-2 所示。该列表包含混凝土、地板、砖石、木材等材质，打开相应的选项卡，就会显示材质的种类。

对于要使用的材料，需要将其添加到"当前图形"列表中，即依次选择预定义材质，并单击"将材质添加到文档中"按钮 ⬆ 。在列表中选择需要的材质类型，然后在图形界面选择要附着材质的对象，即可将材质附着在三维实体上，如图 15-3 所示。当将视觉样式转换为"真实"时，才会显示附着材质后的图形，如图 15-4 所示。

图 15-1 "材质浏览器"面板

图 15-2 "材质库"列表

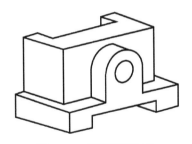

图 15-3 指定附着对象

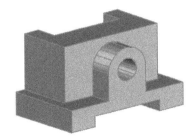

图 15-4 附着材质后的图形

15.1.2 自定义材质

用户自定义材质的步骤如下：

1）打开三维实体模型。

2）在"材质浏览器"面板中单击"创建新材质"图标按钮 ，弹出"新建使用类型"下拉菜单，选择创建"陶瓷"材质，弹出"材质编辑器"面板，输入新材质的名称"陶瓷"，如图 15-5 所示。

3）在"材质编辑器"面板的"类型"下拉列表框中选择"瓷器"。

4）在"颜色"下拉列表框中选择"斑点"，弹出图 15-6 所示的面板，可对斑点进行设置。把颜色 1 改为"RGB 241 80 155"，颜色 2 改为"RGB 232 228 236"，斑点大小改为"100"，依次关闭"纹理编辑器 -COLOR"和"材质编辑器"面板。

图 15-5 "材质编辑器"面板

5）在"材质库"列表中选择"陶瓷"材质，然后选择要附着材质的对象，材质附着效果如图 15-7 所示。

在实际应用中，通常并非自己定义材质，而是直接使用材质库中的材质对实体进行附着，或者是在现有的材质基础上进行编辑使用。

图 15-6　"纹理编辑器 -COLOR"面板

图 15-7　材质附着效果

任务 15.2　设置光源

光源的设置直接影响渲染的效果。适当调整光源，可以使实体更具有真实感。AutoCAD 2016 提供了环境光、点光源、聚光灯和平行光等。环境光为模型的每个表面都提供相同的照明，它不来自特定的光源，而是从各个方向射来，没有方向性，因此环境光本身并不能产生具有真实感的图像效果。环境光为系统默认的光源，前面所实现的实体视觉样式都是环境光提供的光源。要想得到真实感的图像效果，就必须设置其他光源。在菜单栏中选择"工具→工具栏→ AutoCAD"菜单项，在下级菜单中选择"光源"按钮，弹出"光源"工具栏，如图 15-8 所示。

图 15-8　"光源"工具栏

15.2.1　点光源

点光源是一种从其所在位置向所有方向发射光线的光源，它的强度随着发射距离的增加以一定的衰减率衰减。点光源可以用来模拟灯泡发出的光，使用点光源可达到基本的照明效果。

操作方法：在"光源"工具栏中单击"新建点光源"按钮；选择"视图→渲染→光源→新建点光源"命令；在命令行中输入"Pointlight"，按＜ Enter ＞键，都可设置点光源。

15.2.2　聚光灯

聚光灯发射定向锥形光，可以控制光源的方向和锥体的尺寸。聚光灯的强度随着发射距离的增加而衰减，可以用聚光灯模拟探照灯。

操作方法：在"光源"工具栏中单击"新建聚光灯"按钮🖐；选择"视图→渲染→光源→新建聚光灯"命令；在命令行中输入"Spotlight"，按＜Enter＞键，都可设置聚光灯。

15.2.3　平行光

平行光源是指向一个方向发射统一的平行光线的光源，光线在指定光源点的两侧无限延伸。平行光的强度不随着发射距离的增加而衰减，对于每个照射面，平行光的亮度都与其在光源处相同。

操作方法：在"光源"工具栏中单击"新建平行光"按钮❄；选择"视图→渲染→光源→新建平行光"命令；在命令行中输入"Distantlight"，按＜Enter＞键。

15.2.4　日光

点光源、聚光灯、平行光统称为人工光源，都是人为地根据需要添加到场景中的光源。日光为自然光源，是来自单一方向的平行光线，其方向和角度可以根据时间、纬度和季节而变化。具体设置方法：在"光源"工具栏中单击"地理位置"按钮🌐，打开"地理位置"对话框，在"地区"和"最近的城市"中选择实体所在的地理位置后，纬度和经度就会相应改变。

在"光源"工具栏中单击"阳光特性"按钮🕯；选择"视图→渲染→光源→阳光特性"命令；在命令行中输入"Sunproperties"，按＜Enter＞键，都可打开"阳光特性"面板，如图 15-9 所示。在该面板中，可以修改日光的特性参数，如状态开关、光线强度、光线颜色、太阳角度、地理位置等。在"太阳角度计算器"中，还可以修改日期和时间。

图 15-9　"阳光特性"面板

任务 15.3　设置场景

场景的设置也直接影响渲染的效果。在实体的后面可以增加纯色、渐变色或图像作为背景，具体操作如下：

1）选择"视图→命名视图"命令，打开"视图管理器"对话框，如图 15-10 所示。

2）单击"新建"按钮，打开"新建视图 / 快照特性"对话框，如图 15-11 所示。

视图名称：输入背景名称"背景"。

背景：初始设置为"默认"，单击三角形图标，弹出背景选项，可以选择纯色、渐变色或图像作为背景。选择渐变色后弹出"背景"对话框，如图 15-12 所示。

图 15-10　"视图管理器"对话框

3）在"背景"对话框中，可以对初始渐变色的顶部颜色、中间颜色、底部颜色进行修改。

4）设置好背景后连续单击"确定"按钮，返回"视图管理器"对话框，选择"置为当前"按钮后单击"确定"按钮，即在实体后显示新建的背景。

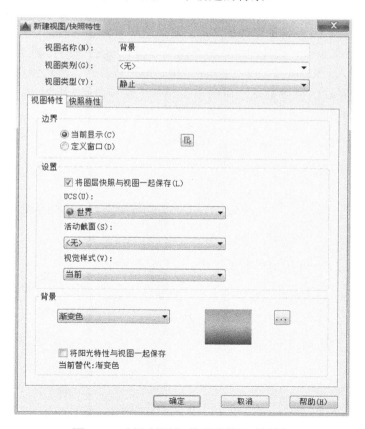

图 15-11　"新建视图 / 快照特性"对话框

图 15-12 "背景"对话框

任务 15.4 渲 染

渲染的最终目标是创建一个可以表达用户想象的照片级真实感的演示质量图像。给模型增加材质、添加光源和设置场景后进行渲染，可以达到真实感的效果。

操作方法：在"渲染"工具栏中单击"渲染"按钮 ；选择"视图→渲染→渲染"命令；在命令行中输入"Render"，按 < Enter > 键，都可以打开"渲染预设管理器"面板，如图 15-13 所示。设置好渲染参数后，单击右上角的"渲染"图标 ，即开始对模型进行渲染，效果如图 15-14 所示。

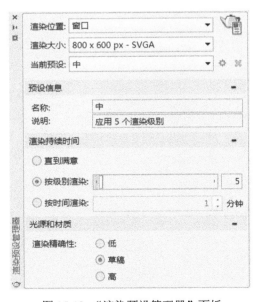

图 15-13 "渲染预设管理器"面板

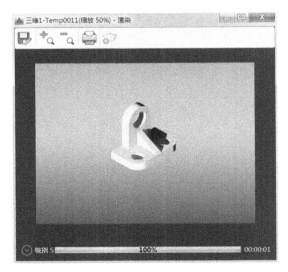

图 15-14 渲染效果

任务 15.5 上机练习

15.5.1 练习目的

掌握三维图形的渲染方法。

15.5.2 练习要求

1）根据图 15-15 绘制支座的三维图形。

2）对三维图形进行渲染处理。

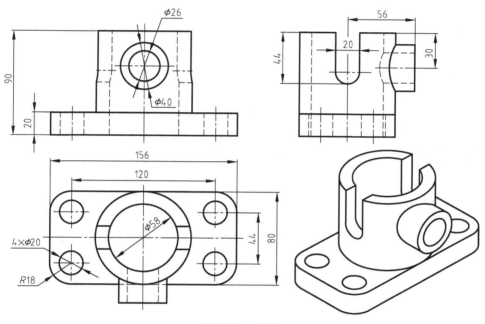

图 15-15 支座

第 3 篇

经典题库

平面图形题库

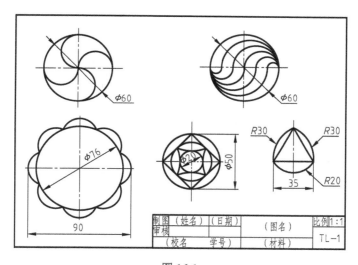

图 16-1

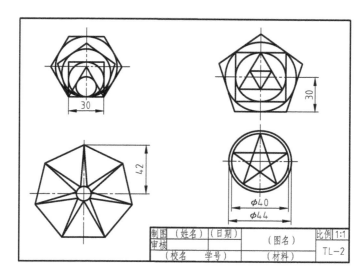

图 16-2

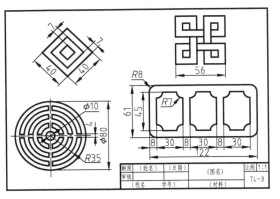

图 16-3

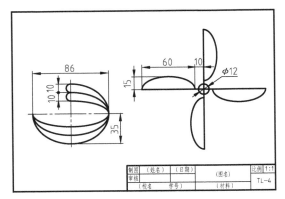

图 16-4

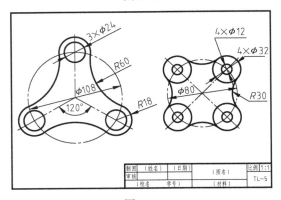

图 16-5

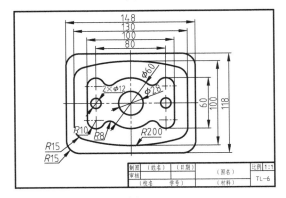

图 16-6

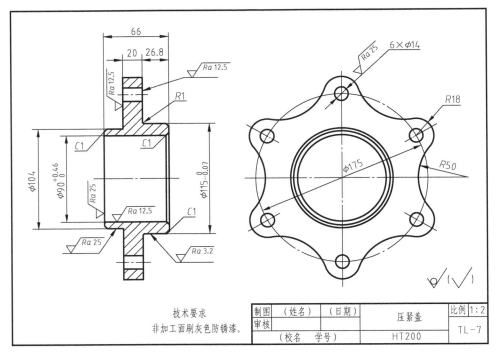

图 16-7

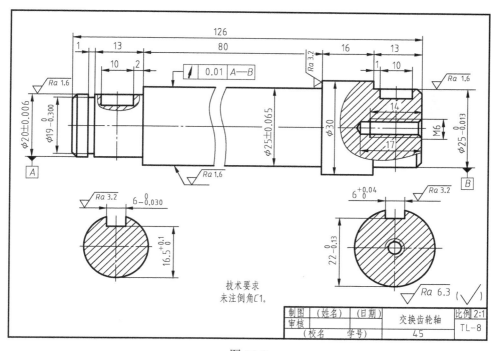

图 16-8

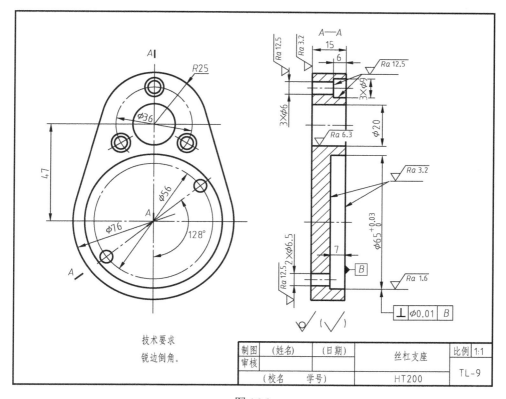

图 16-9

三维模型题库

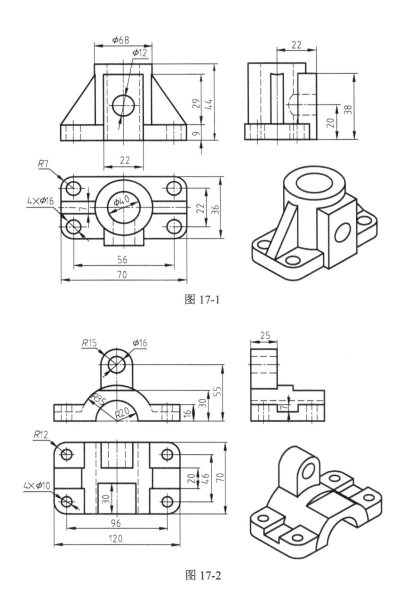

图 17-1

图 17-2

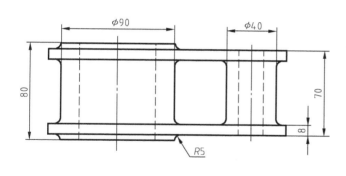

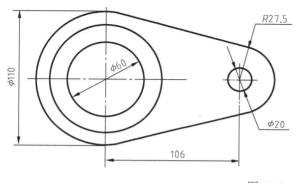

图 17-3

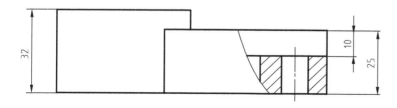

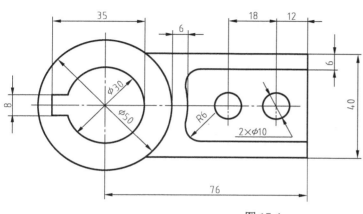

图 17-4

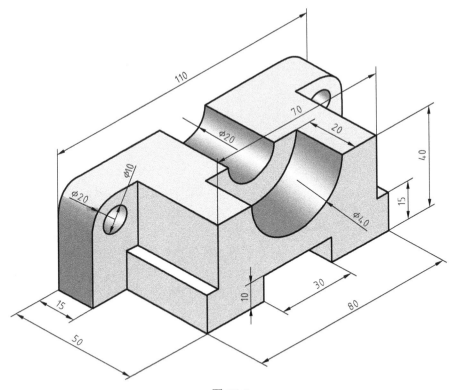

图 17-5

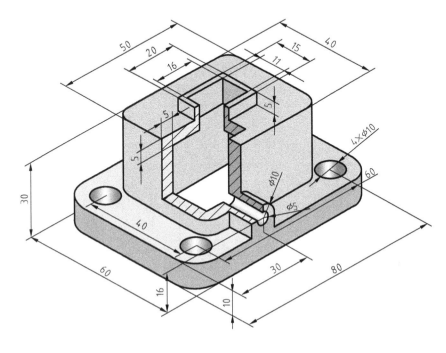

图 17-6

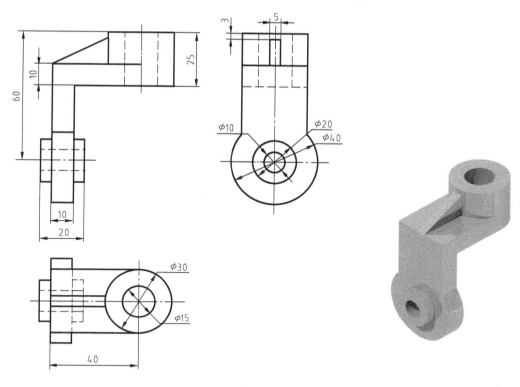

图 17-7

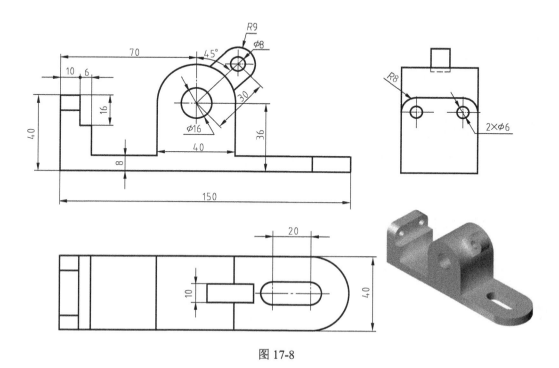

图 17-8

项目 18

全国CAD中心认证模拟试卷

AutoCAD 中级试卷（1）

考生姓名＿＿＿＿＿＿＿＿＿＿＿＿　　　　准考证号＿＿＿＿＿＿＿＿＿＿　　年　月　日

项目	二维图形文件	块文件	三维图形文件	渲染位图文件	总分
分数	50	10	30	10	100
得分					

一、考生须知

（1）考生必须以准考证号码登录，考试时间：2.5 小时。

（2）在 D 盘（或机房指定考试盘）上新建文件夹，文件夹取名为：准考证号＋姓名（如：25 李明）。试题做好后存入文件夹，考生考完后将文件夹上传或以提交作业的方式交卷。

（3）绘图过程中要注意及时存盘，以防意外。考试完成，检查后再交卷，考生文件夹内应有 4 个文件：二维图形文件、块文件、三维图形文件和渲染位图文件。

（4）考生不得将 U 盘、移动硬盘等外存储器带入考场，但可以查阅自带的参考资料。

二、二维图形考试要求

（1）二维图形文件以考生准考证号码为文件名保存（如：25）。

（2）在合适的图幅内画图，图形、尺寸、比例等要求应与试题一致。

（3）创建文字样式名称为"工程文字"，字体为"gbenor.shx"和"gbcbig.shx"。

（4）标题栏尺寸为 120×28，在标题栏内填写相关内容。

（5）建立以下图层，并正确使用图层画图。

图层名称	颜色	线型	线宽	使用对象
粗实线	白色	连续线	0.5mm	粗实线
细实线	红色	连续线	0.25mm	细实线、剖面线
点画线	青色	中心线	0.25mm	中心线、对称线、轴线
虚线	黄色	虚线	0.25mm	虚线
尺寸文本	白色	连续线	0.25mm	文字、尺寸标注

（6）创建一个带属性的"粗糙度符号"图块，图块图形在 0 层上绘制，并以 K+ 考生号（如：K25）存盘。

三、三维图形考试要求

（1）在新图上绘制三维图形，三维图形的文件名为：SW+ 考生考号（如：SW25）。

（2）对三维图形做如下设置：

光线：太阳光

时间：2019 年 3 月 10 日中午 12：30，其他为默认值。

材质：木材；

名称：樱桃木；类型：常规；

背景视图名称：背景视图；

背景：渐变色，其他为默认值。

（3）对三维图形进行渲染，渲染大小：800×600；当前预设：中；渲染精确度：草稿；渲染位图文件名为：WT+ 考生考号（如：WT25）。

四、三维试题（40 分）

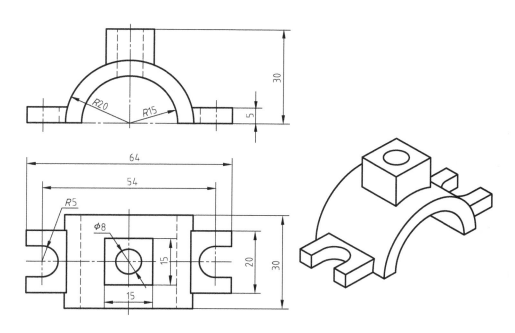

五、二维试题（60分）

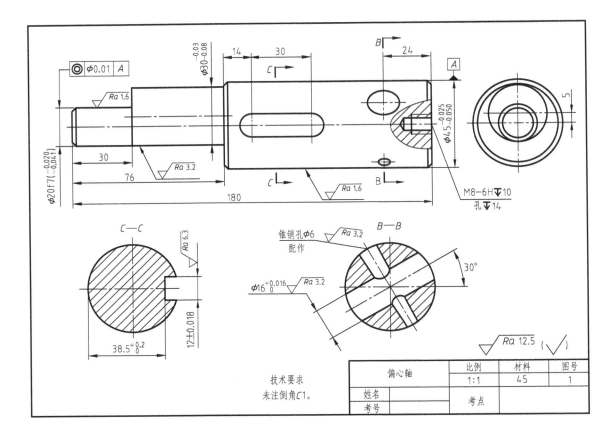

偏心轴		比例	材料	图号
		1:1	45	1
姓名		考点		
考号				

技术要求
未注倒角C1。

AutoCAD 中级试卷（2）

考生姓名_____ 准考证号_____ 年　月　日

项目	二维图形文件	块文件	三维图形文件	渲染位图文件	总分
分数	50	10	30	10	100
得分					

一、考生须知

（1）考生必须以准考证号码登录，考试时间：2.5 小时。

（2）在 D 盘（或机房指定考试盘）上新建文件夹，文件夹取名为：准考证号＋姓名（如：25 李明）。试题做好后存入文件夹，考生考完后将文件夹上传或以提交作业的方式交卷。

（3）绘图过程中要注意及时存盘，以防意外。考试完成，检查后再交卷，考生文件夹内应有 4 个文件：二维图形文件、块文件、三维图形文件和渲染位图文件。

（4）考生不得将 U 盘、移动硬盘等外存储器带入考场，但可以查阅自带的参考资料。

二、二维图形考试要求

（1）二维图形文件以考生准考证号码为文件名保存（如：25）。

（2）在合适的图幅内画图，图形、尺寸、比例等要求应与试题一致。

（3）创建文字样式名称为"工程文字"，字体为"gbenor.shx"和"gbcbig.shx"。

（4）标题栏尺寸为 120×28，在标题栏内填写相关内容。

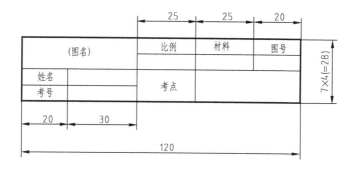

（5）建立以下图层，并正确使用图层画图。

图层名称	颜色	线型	线宽	使用对象
粗实线	白色	连续线	0.3mm	粗实线
细实线	红色	连续线	默认	细实线、剖面线
点画线	青色	中心线	默认	中心线、对称线、轴线
虚线	黄色	虚线	默认	虚线
尺寸文本	白色	连续线	默认	文字、尺寸标注

（6）创建一个带属性的"粗糙度符号"图块，图块图形在 0 层上绘制，并以 K+ 考生号（如：K25）存盘。

三、三维图形考试要求

（1）在新图上绘制三维图形，三维图形的文件名为：SW+ 考生考号（如：SW25）。

（2）对三维图形做如下设置：

光线：太阳光

时间：2019 年 3 月 12 日中午 12：30，其他为默认值。

材质：金属（钢）

名称：生锈；类型：常规。

背景视图名称：背景视图

背景：渐变色，其他为默认值。

（3）对三维图形进行渲染，渲染大小：800×600；当前预设：中；渲染精确度：草稿；渲染位图文件名为：WT+ 考生考号（如：WT25）。

四、三维试题（40分）

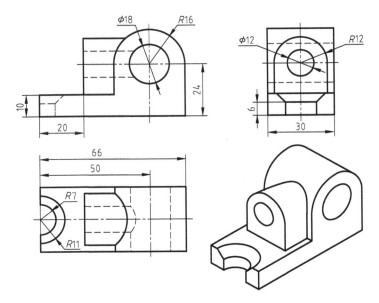

五、二维试题（60分）

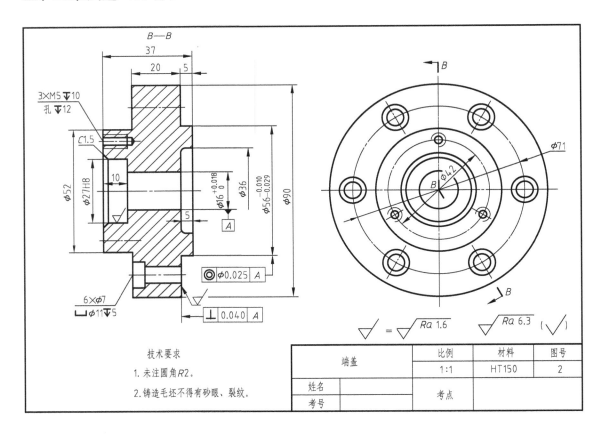

技术要求

1. 未注圆角R2。

2. 铸造毛坯不得有砂眼、裂纹。

	端盖		比例	材料	图号
			1:1	HT150	2
	姓名			考点	
	考号				

全国 CAD/CAM 职业技能考试（一级）模拟样卷

CAD/CAM 职业技能考试（一级）
第一套

（科目：AutoCAD；总分：150 分；考试时间：180 分钟）

考 试 须 知

1. 考生请持身份证、学生证等有效证件入场，并配合监考教师审核，严禁替考。

2. 考生不得携带课本、笔记本、U 盘或者移动硬盘入场。

3. 考试过程中严禁交头接耳、复制模型等舞弊行为，一经发现将停止考试，取消考试成绩。

4. 请仔细填写考生情况表，尤其是姓名、身份证号和 Email 要保证正确。

考生信息表

姓名		性别	
手机		QQ	
Email			
身份证号			
以下部分由阅卷教师填写			
判断题得分		简单绘制题得分	
选择题得分		复杂绘制题得分	
多选题得分		综合题总分	

阅卷教师签字：＿＿＿＿＿＿＿＿＿＿

第一部分：判断题

此部分作答时不允许打开计算机！（共 5 题，每题 1 分，共 5 分）

1. 在 AutoCAD 中，块可以随意缩放。（　　　）

A. 正确　　　　　　　　B. 错误

2. 查询圆的面积的同时也可以查询其周长和其圆心所在的位置。（　　　）

A. 正确　　　　　　　　B. 错误

3. AutoCAD 中可以改变捕捉的角度。（　　　）

A. 正确　　　　　　　　B. 错误

4. 偏移命令不能偏移闭合的对象。（　　　）

A. 正确　　　　　　　　B. 错误

5. 在 AutoCAD 中所有图层均可加锁，也可以关闭所有图层。（　　　）

A. 正确　　　　　　　　B. 错误

第二部分：选择题

此部分作答时不允许打开计算机！（共 10 题，每题 1 分，共 10 分）

1. 执行终止命令的键是（　　　）。

A. Enter 键　　　　B. Esc 键　　　　C. 鼠标右键　　　　D. F1 键

2. 在 AutoCAD 中打开与关闭动态 UCS 可按（　　　）键。

A. F2　　　　　　B. F3　　　　　　C. F6　　　　　　D. F8

3. 以下哪种输入方式是绝对坐标输入方式：（　　　）。

A. @20，0，0　　B. 30，40，0　　C. @20<0　　　D. 30

4. 用 TEXT 命令书写角度"°"符号时应使用（　　　）。

A. %%C　　　　　B. %%D　　　　　C. %%P　　　　　D. U

5. AutoCAD 图形文件和样板文件的扩展名分别是（　　　）。

A. DWT、DWG　　B. DWG、DWT　　C. BMP、BAK　　D. BAK、BMP

6. 在 AutoCAD 中开启和关闭正交模式可按（　　　）键。

A. F2　　　　　　B. F3　　　　　　C. F6　　　　　　D. F8

7. 移动圆对象，使其圆心移动到直线中点，需要应用（　　　）命令。

A. 正交　　　　　B. 捕捉　　　　　C. 栅格　　　　　D. 对象捕捉

8. 在默认设置下，AutoCAD 绘制填充图案的剖面线与 X 轴方向成（　　　）角。

A. 0°　　　　　　B. 180°　　　　　C. 45°　　　　　D. 90°

9. 在绘制多段线时，当在命令提示行输入"A"时，表示切换到（　　　）绘制方式。

A. 角度　　　　　B. 圆弧　　　　　C. 直径　　　　　D. 直线

10. 在 AutoCAD 中设置图层颜色时，可以使用（　　　）种标准颜色。

A. 240　　　　　B. 255　　　　　C. 6　　　　　　D. 9

第三部分：简单绘制题

此部分用计算机作答！（共 1 题，共 14 分）

已知等边三角形边长为 100mm。

求作：如下图所示排列的、相互相切并和边长相切的、直径相等的 15 个圆。

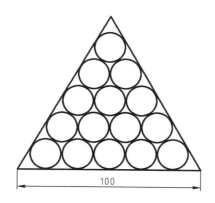

第四部分：复杂绘制题

此部分用计算机作答！（共 2 题，第 1 题 9 分，第 2 题 12 分，共 21 分）

1. 已知矩形边长为 8mm 和 5mm。

求作：如下图所示，过矩形 4 个顶点作两两相切的 4 个直径相等的圆。

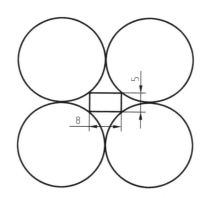

2. 已知正六边形的边长为 40mm，绘制如下图形。

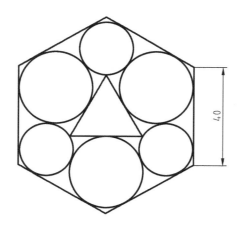

第五部分：简单绘图题

此部分用计算机作答！（共 2 题，第 1 题 17 分，第 2 题 12 分，共 29 分）

1. 参照下图绘制零件轮廓，注意其中的对称、相切等几何关系。

其中，A=90，B=50，C=78，D=24。

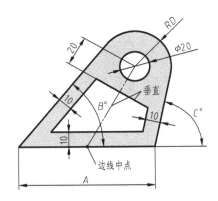

请问轮廓包围的阴影区域面积是 _____mm²？

提示：

测量图像面积的方法有如下两种：

a. 将所画的区域制作成面域，然后单击"工具→查询→面域 / 质量特性"。

b. 将所画的区域填充剖面线，然后单击"工具→查询→面积"。

2. 请将 A 变更为 101，B 变更为 50，C 变更为 80，各线条的几何关系保持不变，请问更改后的图形阴影区域面积是 _____mm²？

第六部分：复杂绘图题

此部分用计算机作答！（共 1 题，共 26 分）

请参照下图绘制图形，注意其中的相切、水平、竖直等几何关系，请问图中阴影区域的面积是多少？（输入答案时请精确到小数点后两位。）

图中：A=189，B=145，C=29，D=96。

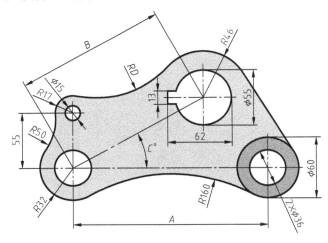

提示：

测量图像面积的方法有如下两种：

a. 将所画的区域制作成面域，然后单击"工具→查询→面域/质量特性"。

b. 将所画的区域填充剖面线，然后单击"工具→查询→面积"。

第七部分：综合题

此部分用计算机作答！（共 1 题，共 45 分）

请参照下图绘制工程图。

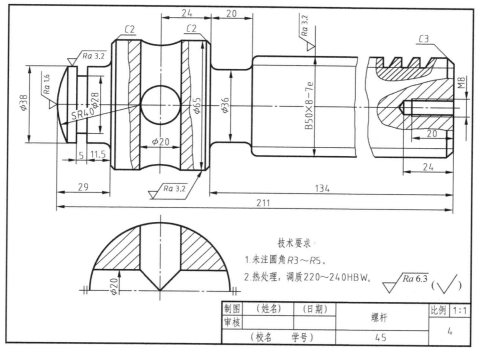

其中：

1. 图层设置：参照下图设置 6 个图层，分别为粗实线、细实线、虚线、中心线、剖面线和尺寸文本，其颜色和线宽参照图中设置。

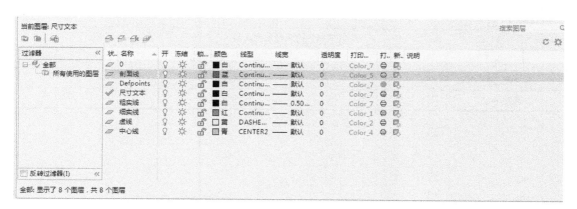

2. 图框和标题栏：图框为标准 A3 横向（尺寸为 420mm×297mm），标题栏部分如下图所示。请考生将标题栏中的"姓名"改为自己的姓名。

3. 视图线条：参照图片绘制工程视图，注意视图之间的"三等"关系。

4. 尺寸工程符号和技术说明：参照图片，标注尺寸及技术要求，注写文字说明的技术要求。

CAD/CAM 职业技能考试（一级）
第二套

（科目：AutoCAD；总分：150 分；考试时间 180 分钟）

考 试 须 知

1. 考生请持身份证、学生证等有效证件入场，并配合监考教师审核，严禁替考。

2. 考生不得携带课本、笔记本、U 盘或者移动硬盘入场。

3. 考试过程中严禁交头接耳、复制模型等舞弊行为，一经发现将停止考试，取消考试成绩。

4. 请仔细填写考生情况表，尤其是姓名、身份证号和 Email 要保证正确。

考生信息表

姓名		性别	
手机		QQ	
Email			
身份证号			
以下部分由阅卷教师填写			
判断题得分		简单绘制题得分	
选择题得分		复杂绘制题得分	
多选题得分		综合题总分	

阅卷教师签字：＿＿＿＿＿＿＿＿＿

第一部分：判断题

此部分作答时不允许打开计算机！（共 5 题，每题 1 分，共 5 分）

1. 在 AutoCAD 中，可以进行旋转复制。（　　　）

A. 正确　　　　　　　　　B. 错误

2. 在 AutoCAD 中，延伸和拉伸命令功能相同。（　　　）

A. 正确　　　　　　　　　B. 错误

3. 在 AutoCAD 中，复制、偏移、阵列均属于复制类命令。（　　　）

A. 正确　　　　　　　　　B. 错误

4. 在 AutoCAD 中，可以设置图形的自动保存时间。（　　　）

A. 正确　　　　　　　　　B. 错误

5. 在 AutoCAD 中，拉伸和移动命令操作结果有时相同。（　　　）

A. 正确　　　　　　　　　B. 错误

第二部分：选择题

此部分作答时不允许打开计算机！（共 10 题，每题 1 分，共 10 分）

1. AutoCAD 图形样板文件的扩展名是（　　　）。

A. DWT、DWG　　　B. DWG、DWT　　　C. BMP、BAK　　　D. BAK、BMP

2. 在设置单位精度的过程中，最多可设置小数点后（　　　）位。

A. 10　　　　　　　B. 4　　　　　　　C. 6　　　　　　　D. 8

3. 在 AutoCAD 中，打开和关闭栅格可按（　　　）。

A. F1 键　　　　　　B. F7 键　　　　　C. F4 键　　　　　D. F8 键

4. 以下输入方式，（　　　）是相对坐标输入方式。

A. @30，10，20　　B. 90，10，20　　　C. @50<30　　　　D. 80

5. 用 TEXT 命令书写"φ"符号时应使用（　　　）。

A. %%P　　　　　　B. %%D　　　　　　C. %%C　　　　　　D. U

6. 在 AutoCAD 中用 PLINE 命令画出一个没有重叠线段的矩形，该矩形中有（　　　）个图元。

A. 1　　　　　　　　B. 4　　　　　　　C. 不一定　　　　　D. 5

7. 在绘制多段线时，当在命令行提示输入"A"时，表示切换到（　　　）绘制方式。

A. 角度　　　　　　B. 圆弧　　　　　　C. 直径　　　　　D. 直线

8. 在 AutoCAD 中，图案填充的快捷键是（　　　）。

A. H　　　　　　　B. BH　　　　　　　C. B　　　　　　　D. T

9. 在 AutoCAD 中，对图形进行缩放的命令是（　　　）。

A. MOVE　　　　　B. SCALF　　　　　C. MIRROR　　　　D. STRETCH

10. 在 AutoCAD 中新建尺寸样式的快捷命令是（　　　）。

A. DM　　　　　　B. D　　　　　　　　C. M　　　　　　　D.DMT

第三部分：简单绘制题

此部分用计算机作答！（共 1 题，共 14 分）

参照下图绘制图形，其中白色部分为等边三角形，B 点为右侧边线的中点，请问 A 点和 B 点之间的距离是多少？（输入答案时请精确到小数点后三位。）

图中，$X=30$，$Y=20$。

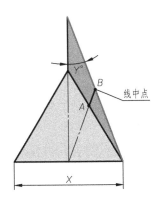

请问轮廓中点 A、B 之间的距离是 _____ ？

第四部分：复杂绘制题

此部分用计算机作答！（共 3 题，第 1 题 7 分，第 2 题 7 分，第 3 题 7 分，共 21 分）

参照下图绘制图形轮廓，注意其中的相切、垂直、水平、竖直等几何关系，其中：

$A=60$，$B=20$。

请问：

1. 圆弧 X 的半径是多少？

2. 直线 Y 的长度是多少？

3. 直线 Z 的长度是多少？

（输入答案时请精确到小数点后三位。）

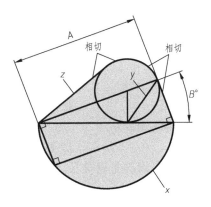

第五部分：简单绘图题

此部分用计算机作答！（共 2 题，第 1 题 17 分，第 2 题 12 分，共 29 分）

1. 参照下图绘制图形，图中直线与大圆、小圆均相切，小圆与大圆相切。

求：（1）X=？ ；（2）阴影区域的面积 =？

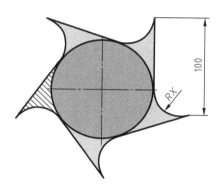

2. 参照下图绘制图形，图中 3 个小圆大小相等。注意图中圆和圆、圆和边线均相切。
求：图中小圆的直径 $a=$？

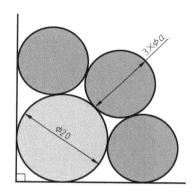

第六部分：复杂绘图题

此部分用计算机作答！（共 1 题，共 26 分）

请参照下图绘制图形，注意其中的相切、水平、竖直等几何关系，请问图中阴影区域的面积是多少？（输入答案时请精确到小数点后两位。）

图中：$A=189$，$B=145$，$C=29$，$D=96$。

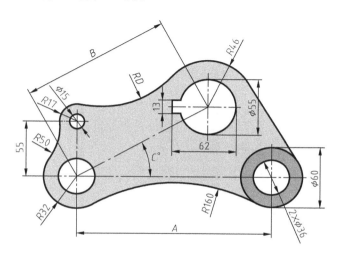

提示：

测量图像面积的方法有如下两种：

a. 将所画的区域制作成面域，然后单击"工具→查询→面域 / 质量特性"。

b. 将所画的区域填充剖面线，然后单击"工具→查询→面积"。

第七部分：综合题

此部分用计算机作答！（共 1 题，共 45 分）

请参照下图绘制工程图。

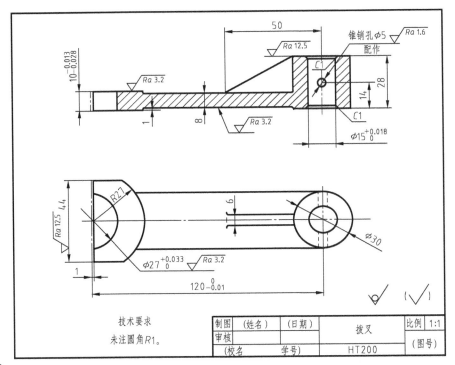

其中：

1. 图层设置：参照下图设置 6 个图层，分别为粗实线、细实线、虚线、中心线、剖面线和尺寸文本，其颜色和线宽参照图中设置。

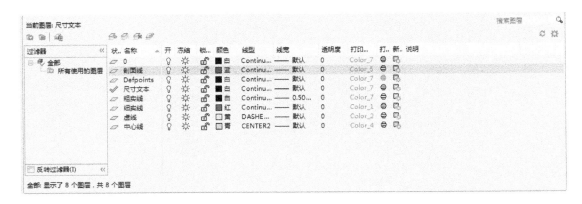

2. 图框和标题栏：图框为标准 A3 横向（尺寸为 420mm×297mm），标题栏部分如下图所示。请考生将标题栏中的"姓名"改为自己的姓名。

3. 视图线条：参照图片绘制工程视图，注意视图之间的"三等"关系。

4. 尺寸工程符号和技术说明：参照图片，标注尺寸及技术要求，注写文字说明的技术要求。

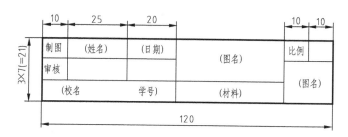

第 4 篇

AutoCAD 绘图标准（节选）

项目 20

常用绘图标准参考

本部分内容主要节选于两个现行的标准：GB/T 18229—2000《CAD 工程制图规则》与 GB/T 14665—2012《机械工程 CAD 制图规则》，供大家在今后绘图过程中查阅参考。

任务 20.1 CAD 工程制图的基本设置要求

20.1.1 图纸幅面与格式

用计算机绘制工程图时，其图纸幅面和格式按照 GB/T 14689—2008 的有关规定。

在 CAD 工程制图中所用到的留装订边和不留装订边的图纸幅面形式如图 20-1 所示，图纸幅面尺寸见表 20-1。

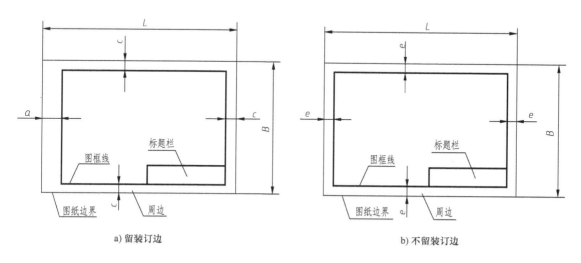

a) 留装订边   b) 不留装订边

图 20-1 图纸幅面形式

20.1.2 比例

用计算机绘制工程图样时的比例大小按照 GB/T 14690—1993 中的规定，优先选用表 20-2 中常用的比例。

表 20-1　图纸幅面尺寸　　　　　　　　　　　　　　（单位：mm）

幅面代号	A0	A1	A2	A3	A4
$B×L$	841×1189	594×841	420×594	297×420	210×297
e	20			10	
c	10			5	
a	25				

注：在 CAD 绘图中对图纸有加长加宽的要求时，应按基本幅面的短边 B 成整数倍增加。

表 20-2　常用的比例

种类	比　　例
原值比例	1：1
放大比例	5：1　　　2：1 $5×10^n$：1　　$2×10^n$：1　　$1×10^n$：1
缩小比例	1：2　　　1：5　　　1：10 1：$2×10^n$　　1：$5×10^n$　　1：$1×10^n$

注：n 为整数。

20.1.3　字体

　　CAD 工程图中所用的字体应按 GB/T 14691—1993 要求，字体与图纸幅面之间的大小关系参见表 20-3。

表 20-3　图纸幅面与字体大小　　　　　　　　　　　（单位：mm）

字符类别	图　幅				
	A0	A1	A2	A3	A4
	字体高度 h				
字母与数字	5		3.5		
汉字	7		5		

注：h 为汉字、字母和数字的高度。

20.1.4　图线

　　CAD 工程图中所有的图线，应遵照 GB/T 17450—1998 中的有关规定，最常使用的线型见表 20-4。基本图线的颜色一般应按表 20-5 中提供的颜色显示，相同类型的图线应采用同样的颜色。

表 20-4　线型

代码	基本线型	名　　称
01	————————————————	实线
02	— — — — — — — — — —	虚线
03	‧ ‧ ‧ ‧ ‧ ‧ ‧ ‧ ‧ ‧	间隔画线
08	—‧—‧—‧—‧—‧—	长画短画线
09	—‧‧—‧‧—‧‧—‧‧—	长画双点画线

表 20-5　图线的颜色

图线类型		屏幕上的颜色
粗实线	————————	白色
细实线	————————	绿色
波浪线	～～～～～	
双折线	～∿∿～	
虚线	— — — — — —	黄色
细点画线	—·—·—·—	红色
粗点画线	▬▬▬·▬▬▬	棕色
细双点画线	—··—··—	粉红色

20.1.5　标题栏

CAD 工程图中的标题栏，应遵守 GB/T 10609.1—2008 中的有关规定。

1）每张 CAD 工程图均应配置标题栏，并应配置在图框的右下角。

2）标题栏一般由更改区、签字区、其他区、名称及代号区组成，如图 20-2 所示。CAD 工程图中标题栏的格式如图 20-3 所示。

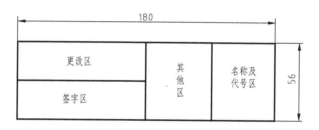

图 20-2　标题栏的组成

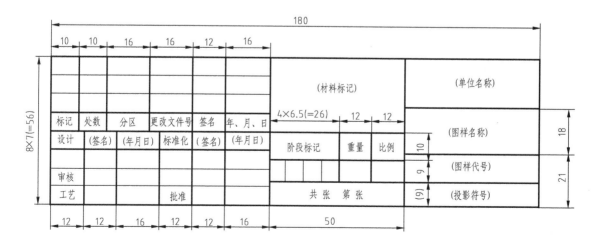

图 20-3　标题栏格式

20.1.6 明细栏

CAD 工程图中的明细栏应遵守 GB/T 10609.2—2009 中的有关规定，CAD 工程图中的装配图上一般应配置明细栏。

1）明细栏一般配置在装配图中标题栏的上方，按由下而上的顺序填写，如图 20-4 所示。

2）装配图中不能在标题栏的上方配置明细栏时，可作为装配图的续页按 A4 幅面单独绘出，其顺序应是由上而下延伸。

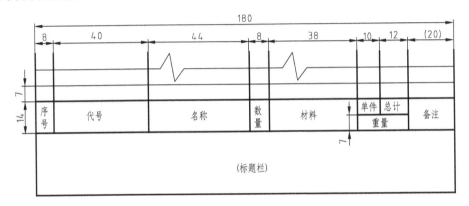

图 20-4 明细栏格式

20.1.7 图形符号的表示

在机械工程 CAD 制图中，所用到的图形符号应严格遵守有关标准或规定的要求。第一角画法和第三角画法的识别图形符号见表 20-6。

表 20-6 图形符号

图形符号	说明
	第一角画法的图形符号表示
	第三角画法的图形符号表示

任务 20.2 CAD 工程图的基本画法

在 CAD 工程制图中应遵守 GB/T 17451—1998 和 GB/T 17452—1998 中的有关要求。

20.2.1 CAD 工程图中视图的选择

表示物体信息量最多的那个视图应作为主视图，通常是物体的工作位置或加工位置或安装位置。当需要其他视图时，应按下述基本原则选取：

1）在明确表示物体的前提下，使视图数量为最少。

2）尽量避免使用虚线表达物体的轮廓及棱线。

3）避免不必要的细节重复。

20.2.2   视图

在 CAD 工程图中通常有基本视图、向视图、局部视图和斜视图。

20.2.3   剖视图

在 CAD 工程图中，应采用单一剖切面、几个平行的剖切面和几个相交的剖切面剖切物体得到全剖视图、半剖视图和局部剖视图。

20.2.4   断面图

在 CAD 工程图中，应采用移出断面图和重合断面图的方式进行表达。

20.2.5   图样画法

必要时，在不引起误解的前提下，可以采用简化图样的方式进行表示，见 GB/T 16675.1—2012 的有关规定。

任务 20.3   CAD 工程图的尺寸标注

在 CAD 工程制图中应遵守相关行业的有关标准和规定。

在 CAD 工程制图中所使用的尺寸终端箭头形式有以下几种供选用，如图 20-5 所示。

同一 CAD 工程图中，一般只采用一种箭头的形式。当采用箭头位置不够时，允许用圆点或斜线代替箭头，如图 20-6 所示。

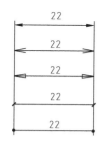

图 20-5   尺寸终端形式

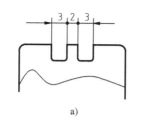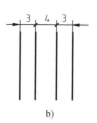

a)   b)

图 20-6   用圆点或斜线表示尺寸终端

附录

附录 A　普通螺纹直径与螺距、基本尺寸
（GB/T 193—2003 和 GB/T 196—2003）

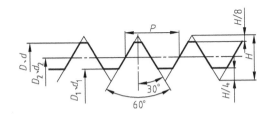

标记示例

公称直径 24mm，螺距 3mm，右旋粗牙普通螺纹，其标记为：M24

公称直径 24mm，螺距 1.5mm，左旋细牙普通螺纹，中径和顶径公差带代号 7H，其标记为：

M24×1.5-7H-LH

（单位：mm）

公称直径 D、d		螺距 P		粗牙小径
第一系列	第二系列	粗牙	细牙	D_1、d_1
3		0.5	0.35	2.459
4		0.7	0.5	3.242
5		0.8		4.134
6		1	0.75	4.917
8		1.25	1，0.75	6.647
10		1.5	1.25，1，0.75	8.376
12		1.75	1.25，1	10.106
	14	2	1.5，1.25*，1	11.835
16		2	1.5，1	13.835
	18	2.5	2，1.5，1	15.294
20				17.294
	22			19.294
24		3	2，1.5，1	20.752
30		3.5	（3），2，1.5，1	26.211
36		4	3，2，1.5	31.670
	39			34.670

注：应优先选用第一系列，括号里的尺寸尽可能不用，带 * 号尺寸仅用于火花塞。

附录 B 梯形螺纹直径与螺距系列、基本尺寸
（GB/T 5796.2—2005、GB/T 5796.3—2005）

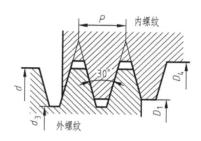

标记示例

公称直径 28mm、螺距 5mm、中径公差带代号为 7H 的单线右旋梯形内螺纹，

其标记为：Tr28×5-7H

公称直径 28mm、导程 10mm、螺距 5mm、中径公差带代号为 8e 的双线左旋梯形外螺纹，其标记为：Tr28×10（P5）LH-8e

内、外螺纹旋合所组成的螺纹副的标记为：Tr24×8—7H/8e

（单位：mm）

公称直径 d		螺距	大径	小径	
第一系列	第二系列	P	D_4	d_3	D_1
16		2	16.50	13.50	14.00
		④		11.50	12.00
	18	2	18.50	15.50	16.00
		④		13.50	14.00
20		2	20.50	17.50	18.00
		④		15.50	16.00
	22	3	22.50	18.50	19.00
		⑤		16.50	17.00
		8	23.0	13.00	14.00
24		3	24.50	20.50	21.00
		⑤		18.50	19.00
		8	25.00	15.00	16.00
	26	3	26.50	22.50	23.00
		⑤		20.50	21.00
		8	27.00	17.00	18.00
28		3	28.50	24.50	25.00
		⑤		22.50	23.00
		8	29.00	19.00	20.00

注：1. 螺纹公差带代号：外螺纹有 9c、8c、8e、7e；内螺纹有 9H、8H、7H。

2. 优先选用圆圈内的螺距。

附录C 锯齿形（3°、30°）螺纹基本牙型及其尺寸
（GB/T 13576.1—2008）

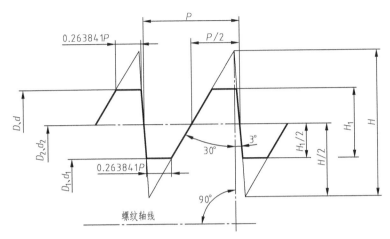

基本牙型尺寸表 （单位：mm）

螺距 P	H 1.587911P	H/2 0.793956P	H₁ 0.75P	牙顶和牙底宽 0.263841P
2	3.176	1.588	1.500	0.528
3	4.764	2.382	2.250	0.792
4	6.352	3.176	3.000	1.055
5	7.940	3.970	3.750	1.319
6	9.527	4.764	4.500	1.583
7	11.115	5.558	5.250	1.847
8	12.703	6.352	6.000	2.111
9	14.291	7.146	6.750	2.375
10	15.879	7.940	7.500	2.638
12	19.055	9.527	9.000	3.166
14	22.231	11.115	10.500	3.694
16	25.407	12.703	12.000	4.221
18	28.582	14.291	13.500	4.749
20	31.758	15.879	15.000	5.277
22	34.934	17.467	16.500	5.805
24	38.110	19.055	18.000	6.332
28	44.462	22.231	21.000	7.388
32	50.813	25.407	24.000	8.443
36	57.165	28.582	27.000	9.498
40	63.516	31.758	30.000	10.554
44	69.868	34.934	33.000	11.609

附录 D 管螺纹尺寸代号及基本尺寸
55° 非密封管螺纹（GB/T 7307—2001）

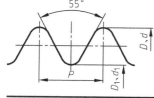

标记示例

尺寸代号为 1/2 的 A 级右旋外螺纹的标记为：G1/2A

尺寸代号为 1/2 的 B 级左旋外螺纹的标记为：G1/2B—LH

尺寸代号为 1/2 的 A 级右旋内螺纹的标记为：G1/2

尺寸代号	每 25.4mm 内的牙数 n	螺距 P/mm	大径 $D=d$/mm	小径 $D_1=d_1$/mm	基准距离 /mm
1/4	19	1.337	13.157	11.445	6
3/8	19	1.337	16.662	14.950	6.4
1/2	14	1.814	20.955	18.631	8.2
3/4	14	1.814	26.441	24.117	9.5
1	11	2.309	33.249	30.291	10.4
1 1/4	11	2.309	41.910	38.952	12.7
1 1/2	11	2.309	47.803	44.845	12.7
2	11	2.309	59.614	56.656	15.9

附录 E 六角头螺栓

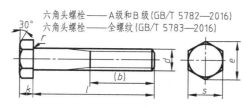

六角头螺栓——A 级和 B 级（GB/T 5782—2016）

六角头螺栓——全螺纹（GB/T 5783—2016）

标记示例

螺纹规格 d=M12，公称长度 l=80mm，性能等级为 8.8 级，表面氧化，A 级的六角头螺栓，其标记为：螺栓　GB/T 5782 M12×80

（单位：mm）

螺纹规格 d		M3	M4	M5	M6	M8	M10	M12	M16	M20	M24	M30	M36
s		5.5	7	8	10	13	16	18	24	30	36	46	55
k		2	2.8	3.5	4	5.3	6.4	7.5	10	12.5	15	18.7	22.5
r		0.1	0.2	0.2	0.25	0.4	0.4	0.6	0.6	0.6	0.8	1	1
e	A	6.01	7.66	8.79	11.05	14.38	17.77	20.03	26.75	33.53	39.98	—	—
	B	5.88	7.50	8.63	10.89	14.20	17.59	19.85	26.17	32.95	39.55	50.85	60.79
b（GB/T 5782）	$l \leqslant 125$	12	14	16	18	22	26	30	38	46	54	66	—
	$125 < l \leqslant 200$	18	20	22	24	28	32	36	44	52	60	72	84
	$l > 200$	31	33	35	37	41	45	49	57	65	73	85	97
l 范围（GB/T 5782）		20～30	25～40	25～50	30～60	40～80	45～100	50～120	65～160	80～200	90～240	110～300	140～360
l 范围（GB/T 5783）		6～30	8～40	10～50	12～60	16～80	20～100	25～120	30～150	40～150	50～150	60～200	70～200
l 系列		6, 8, 10, 12, 16, 20, 25, 30, 35, 40, 45, 50, 55, 60, 65, 70, 80, 90, 100, 110, 120, 130, 140, 150, 160, 180, 200, 220, 240, 260, 280, 300, 320, 340, 360											

附录 F 双头螺柱

GB/T 897—1988（b_m=1d） GB/T 898—1988（b_m=1.25d）
GB/T 899—1988（b_m=1.5d） GB/T 900—1988（b_m=2d）

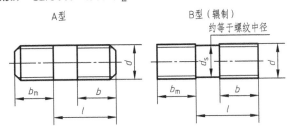

A型   B型（辗制）
约等于螺纹中径

标记示例

两端均为粗牙普通螺纹，d=10mm，l=50mm，性能等级为4.8级，不经过表面处理，B型，b_m=1d的双头螺柱，其标记为：螺柱 GB/T 897 M10×50
若为A型，则标记为：螺柱 GB/T 897 AM10×50

（单位：mm）

螺纹规格 d		M3	M4	M5	M6	M8
b_m 公称	GB/T 897—1988	—	—	5	6	8
	GB/T 898—1988	—	—	6	8	10
	GB/T 899—1988	4.5	6	8	10	12
	GB/T 900—1988	6	8	10	12	16
$\dfrac{l}{b}$		$\dfrac{16\sim20}{6}$ $\dfrac{(22)\sim40}{12}$	$\dfrac{16\sim(22)}{8}$ $\dfrac{25\sim40}{14}$	$\dfrac{16\sim(22)}{10}$ $\dfrac{25\sim50}{16}$	$\dfrac{20\sim(22)}{10}$ $\dfrac{25\sim30}{14}$ $\dfrac{(32)\sim(75)}{18}$	$\dfrac{20\sim(22)}{12}$ $\dfrac{25\sim30}{16}$ $\dfrac{(32)\sim90}{22}$

螺纹规格 d		M10	M12	M16	M20	M24
b_m 公称	GB/T 897—1988	10	12	16	20	24
	GB/T 898—1988	12	15	20	25	30
	GB/T 899—1988	15	18	24	30	36
	GB/T 900—1988	20	24	32	40	48
$\dfrac{l}{b}$		$\dfrac{25\sim(28)}{14}$ $\dfrac{30\sim(38)}{16}$ $\dfrac{40\sim120}{26}$ $\dfrac{130}{32}$	$\dfrac{25\sim30}{16}$ $\dfrac{(32)\sim40}{20}$ $\dfrac{45\sim120}{38}$ $\dfrac{130\sim180}{36}$	$\dfrac{30\sim(38)}{20}$ $\dfrac{40\sim(55)}{30}$ $\dfrac{60\sim120}{38}$ $\dfrac{130\sim200}{44}$	$\dfrac{25\sim40}{25}$ $\dfrac{(45)\sim(65)}{35}$ $\dfrac{70\sim120}{46}$ $\dfrac{130\sim200}{52}$	$\dfrac{45\sim50}{30}$ $\dfrac{(55)\sim(75)}{45}$ $\dfrac{80\sim120}{54}$ $\dfrac{130\sim200}{60}$

注：1. GB/T 897—1988 和 GB/T 898—1988 规定螺柱的螺纹规格 d=M5～M48，公称长度 l=16～300mm；GB/T 899—1988 和 GB/T 900—1988 规定螺柱的螺纹规格 d=M2～M48，公称长度 l=12～30mm。

2. 螺柱公称长度 l（系列）：12，（14），16，（18），20，（22），25，（28），30，（32），35，（38），40，45，50，（55），60，（65），70，80，（85），90，（95），100～260（10进位），280，300（单位为mm），尽可能不采用括号内的数值。

3. 材料为钢的螺柱性能等级有 4.8 级、5.8 级、6.8 级、8.8 级、10.9 级、12.9 级，其中 4.8 级为常用。

附录 G 1 型六角螺母

GB/T 41—2016 1 型六角螺母 C 级
GB/T 6170—2015 1 型六角螺母

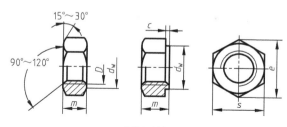

标记示例

螺纹规格 D=M12，性能等级为 8 级，不经表面处理，产品等级为 A 级的 1 型六角螺母，其标记为：

螺母 GB/T 6170 M12

（单位：mm）

螺纹规格 D		M3	M4	M5	M6	M8	M10	M12	M16	M20	M24	M30	M36	M42
e	GB/T 41—2016	—	—	8.63	10.89	14.20	17.59	19.85	26.17	32.95	39.55	50.85	60.79	72.02
	GB/T 6170—2015	6.01	7.66	8.79	11.05	14.38	17.77	20.03	26.75	32.95	39.55	50.85	60.79	71.3
s	GB/T 41—2016	—	—	8	10	13	16	18	24	30	36	46	55	65
	GB/T 6170—2015	5.5	7	8	10	13	16	18	24	30	36	46	55	65
m	GB/T 41—2016	—	—	5.6	6.4	7.9	9.5	12.2	15.9	19.0	22.3	26.4	31.9	34.9
	GB/T 6170—2015	2.4	3.2	4.7	5.2	6.8	8.4	10.8	14.8	18	21.5	25.6	31	34

附录 H 开 槽 螺 钉

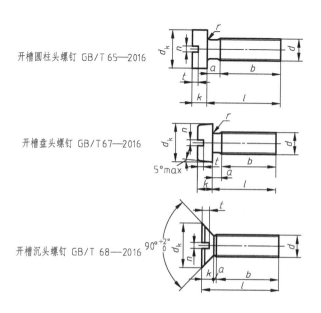

开槽圆柱头螺钉 GB/T 65—2016

开槽盘头螺钉 GB/T 67—2016

开槽沉头螺钉 GB/T 68—2016

标记示例

螺纹规格 d=M5，公称长度 l=20mm，性能等级为 4.8 级，不经表面处理的 A 级开槽圆柱头螺钉，其标记为：螺钉 GB/T 65 M5×20

（单位：mm）

螺纹规格 d			M3	M4	M5	M6	M8	M10
a max			1	1.4	1.6	2	2.5	3
b min			25	38	38	38	38	38
n 公称			0.8	1.2	1.2	1.6	2	2.5
GB/T 65—2016	d_k 公称 =max		5.5	7	8.5	10	13	16
	k 公称 =max		2	2.6	3.3	3.9	5.0	6.0
	t min		0.85	1.1	1.3	1.6	2	2.4
	$\dfrac{l}{b}$		$\dfrac{4\sim30}{l-a}$	$\dfrac{5\sim40}{l-a}$	$\dfrac{6\sim40}{l-a}$ $\dfrac{45\sim50}{b}$	$\dfrac{8\sim40}{l-a}$ $\dfrac{45\sim60}{b}$	$\dfrac{10\sim40}{l-a}$ $\dfrac{45\sim80}{b}$	$\dfrac{12\sim40}{l-a}$ $\dfrac{45\sim80}{b}$
GB/T 67—2016	d_k 公称 =max		5.6	8	9.5	12	16	20
	k 公称 =max		1.8	2.4	3	3.6	4.8	6
	t min		0.7	1	1.2	1.4	1.9	2.4
	$\dfrac{l}{b}$		$\dfrac{4\sim30}{l-a}$	$\dfrac{5\sim40}{l-a}$	$\dfrac{6\sim40}{l-a}$ $\dfrac{45\sim50}{b}$	$\dfrac{8\sim40}{l-a}$ $\dfrac{45\sim60}{b}$	$\dfrac{10\sim40}{l-a}$ $\dfrac{45\sim80}{b}$	$\dfrac{12\sim40}{l-a}$ $\dfrac{45\sim80}{b}$
GB/T 68—2016	d_k 公称 =max		5.5 6.3	8.40	9.30	11.30	15.80	18.30
	k 公称 =max		1.65	2.7	2.7	3.3	4.65	5
	t	max	0.85	1.3	1.4	1.6	2.3	2.6
		min	0.6	1	1.1	1.2	1.8	2
	$\dfrac{l}{b}$		$\dfrac{5\sim30}{l-(k+a)}$	$\dfrac{6\sim40}{l-(k+a)}$	$\dfrac{8\sim45}{l-(k+a)}$ $\dfrac{50}{b}$	$\dfrac{8\sim45}{l-(k+a)}$ $\dfrac{50\sim60}{b}$	$\dfrac{10\sim45}{l-(k+a)}$ $\dfrac{50\sim80}{b}$	$\dfrac{12\sim45}{l-(k+a)}$ $\dfrac{50\sim80}{b}$

注：1. 标准规定螺纹规格 d=M1.6 $\sim$ 10。

2. 公称长度 l（系列）为 2，2.5，3，4，5，6，8，10，12，（14），16，20，25，30，35，40，45，50，（55），60，（65），70，（75），80（单位为 mm）（GB/T 65 的 l 长无 2.5，GB/T 68 的 l 长无 2），尽可能不采用括号内的数值。

3. 当表中 l/b 中的 $b=l-a$ 或 $b=l-(k+a)$ 时表示全螺纹。

4. 无螺纹部分杆径约等于中径或允许等于螺纹大径。

5. 材料为钢的螺钉性能等级有 4.8 级、5.8 级，其中 4.8 为常用。

附录 I 紧定螺钉

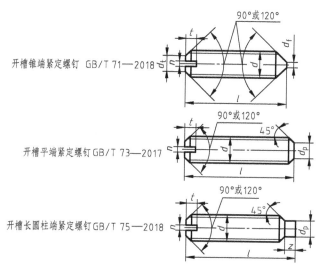

开槽锥端紧定螺钉 GB/T 71—2018

开槽平端紧定螺钉 GB/T 73—2017

开槽长圆柱端紧定螺钉 GB/T 75—2018

标记示例

螺纹规格 d=M5，公称直径 l=12mm，性能等级为14H级，表面氧化的开槽锥端紧定螺钉，其标记为：螺钉 GB/T 71 M5×12

（单位：mm）

螺纹规格 d			M2	M2.5	M3	M4	M5	M6	M8	M10	M12
$d_f \leqslant$			螺纹小径								
n			0.25	0.4	0.4	0.6	0.8	1	1.2	1.6	2
t		max	0.84	0.95	1.05	1.42	1.63	2	2.5	3	3.6
		min	0.64	0.72	0.8	1.12	1.28	1.6	2	2.4	2.8
GB/T 71—1985	d_t	max	0.2	0.25	0.3	0.4	0.5	1.5	2	2.5	3
	l	120°	—	3	—	—	—	—	—	—	—
		90°	3～10	4～12	4～16	6～20	8～25	8～30	10～40	12～50	(14)～60
GB/T 73—2017 GB/T 75—1985	d_p	max	1	1.5	2	2.5	3.5	4	5.5	7	8.5
		min	0.75	1.25	1.75	2.25	3.2	3.7	5.2	6.64	8.14
GB/T 73—2017	l	120°	2～2.5	2.5～3	3	4	5	6	—	—	—
		90°	3～10	4～12	4～16	5～20	6～25	8～30	8～40	10～50	12～60
GB/T 75—1985	z	max	1.25	1.5	1.75	2.25	2.75	3.25	4.3	5.3	6.3
		min	1	1.25	1.5	2	2.5	3	4	5	6
	l	120°	3	4	5	6	8	8～10	10～(14)	12～16	(14)～20
		90°	4～10	5～12	6～16	8～20	10～25	12～30	16～40	20～25	25～60

注：1. GB/T 71—2018 和 GB/T 73—2017 规定的螺钉的螺纹规格 d=M1.2～M12，公称长度 l=2～60mm；GB/T 75—2018 规定的螺钉的螺纹规格 d=M1.6～M12，公称长度 l=2.5～60mm。

2. 公称长度 l（系列）：2、2.5、3、4、5、6、8、10、12、(14)、16、20、25、30、35、40、45、50、(55)、60（单位为 mm），尽可能不采用括号内的数值。

3. 材料为钢的紧定螺钉性能等级有 14H、22H 级，其中 14H 级为常用。性能等级的标记代号由数字和字母两部分组成，数字表示最低的维氏硬度的1/10，字母 H 表示硬度。

附录 J　螺栓紧固轴端挡圈（GB/T 892—1986）

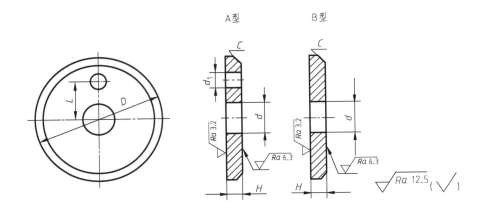

标记示例

公称直径 D=45mm，材料为 Q235A，不经表面处理的 A 型螺栓紧固轴端挡圈的标记为：

挡圈 GB/T 892　45

当挡圈为 B 型时，应加标记 B：挡圈 GB/T 892　B45

螺栓紧固轴端挡圈各部分尺寸　　　　　　（单位：mm）

轴径≤	公称直径 D	H	L	d	d_1	C	螺栓 GB/T 5783	圆柱销 GB/T 119.1	垫圈 GB/T 93
14	20		—						
16	22								
18	25	4		5.5	2.1	0.5	M5×16	2×10	5
20	28		7.5						
22	30								
25	32								
28	35		10						
30	38	5		6.6	3.2	1	M6×20	3×12	6
32	40								
35	45		12						
40	50								
60	70	6	20	9	4.2	1.5	M8×25	4×14	8

注：公称直径 D 为挡圈的外径，标准规定其大小为 20～100mm。

附录 K 平垫圈—A 级（GB/T 97.1—2002）和 平垫圈倒角型—A 级（GB/T 97.2—2002）

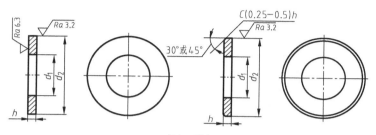

标记示例

标准系列，公称规格 8mm，由钢制造的硬度等级为 200HV 级，不经表面处理，产品等级为 A 级的平垫圈，其标记为：垫圈 GB/T 97.1 8

（单位：mm）

公称规格（螺纹大径 d）	2	2.5	3	4	5	6	8	10	12	14	16	20	24	30
内径 d_1	2.2	2.7	3.2	4.3	5.3	6.4	8.4	10.5	13	15	17	21	25	31
外径 d_2	5	6	7	9	10	12	16	20	24	28	30	37	44	56
厚度 h	0.3	0.5	0.5	0.8	1	1.6	1.6	2	2.5	2.5	3	3	4	4

附录 L 标准型弹簧垫圈（GB/T 93—1987）和 轻型弹簧垫圈（GB/T 859—1987）

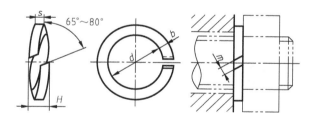

标记示例

规格 16mm，材料为 65Mn，表面氧化的标准型弹簧垫圈，其标记为：
垫圈 GB/T 93 16

（单位：mm）

规格（螺纹大径）		4	5	6	8	10	12	16	20	24	30
d	max	4.4	5.4	6.68	8.68	10.9	12.9	16.9	21.04	25.5	31.5
	min	4.1	5.1	6.1	8.1	10.2	12.2	16.2	20.2	24.5	30.5
s（b）公称		1.1	1.3	1.6	2.1	2.6	3.1	4.1	5	6	7.5
H	max	2.75	3.25	4	5.25	6.5	7.75	10.25	12.5	15	18.75
	min	2.2	2.6	3.2	4.2	5.2	6.2	8.2	10	12	15
$m \leqslant$		0.55	0.65	0.8	1.05	1.3	1.55	2.05	2.5	3	3.75

附录 M 普通型平键的尺寸与公差

普通型 平键(GB/T 1096—2003)

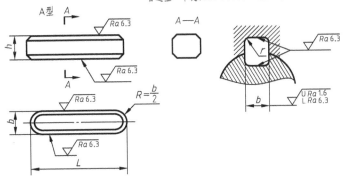

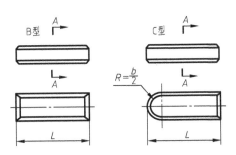

平键 键槽的剖面尺寸(GB/T 1095—2003)

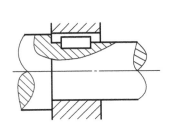
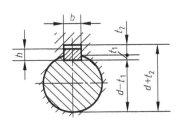

标记示例

宽度 b=16mm，高度 h=10mm，长度 L=100mm 的普通 A 型平键的标记为：
GB/T 1096　键 $16 \times 10 \times 100$
宽度 b=16mm，高度 h=10mm，长度 L=100mm 的普通 B 型平键的标记为：
GB/T 1096　键 B$16 \times 10 \times 100$
宽度 b=16mm，高度 h=10mm，长度 L=100mm 的普通 C 型平键的标记为：
GB/T 1096　键 C$16 \times 10 \times 100$

（单位：mm）

轴的直径 d	键尺寸 b×h	键槽 宽度 b 公称尺寸	正常连接 轴 N9	正常连接 毂 JS9	紧密连接 轴和毂 P9	松连接 轴 H9	松连接 毂 D10	深度 轴 t1 公称尺寸	轴 t1 极限偏差	毂 t2 公称尺寸	毂 t2 极限偏差	半径 r min	半径 r max
6～8	2×2	2	-0.004 / -0.029	±0.0125	-0.006 / -0.031	+0.025 / 0	+0.060 / +0.020	1.2	+0.1 / 0	1.0	+0.1 / 0	0.08	0.16
8～10	3×3	3	-0.004 / -0.029	±0.0125	-0.006 / -0.031	+0.025 / 0	+0.060 / +0.020	1.8	+0.1 / 0	1.4	+0.1 / 0	0.08	0.16
10～12	4×4	4	0 / -0.030	±0.015	-0.012 / -0.042	+0.030 / 0	+0.078 / +0.030	2.5	+0.1 / 0	1.8	+0.1 / 0	0.16	0.25
12～17	5×5	5	0 / -0.030	±0.015	-0.012 / -0.042	+0.030 / 0	+0.078 / +0.030	3.0	+0.1 / 0	2.3	+0.1 / 0	0.16	0.25
17～22	6×6	6	0 / -0.030	±0.015	-0.012 / -0.042	+0.030 / 0	+0.078 / +0.030	3.5	+0.1 / 0	2.8	+0.1 / 0	0.16	0.25
22～30	8×7	8	0 / -0.036	±0.018	-0.015 / -0.051	+0.036 / 0	+0.098 / +0.040	4.0	+0.2 / 0	3.3	+0.2 / 0	0.25	0.40
30～38	10×8	10	0 / -0.036	±0.018	-0.015 / -0.051	+0.036 / 0	+0.098 / +0.040	5.0	+0.2 / 0	3.3	+0.2 / 0	0.25	0.40
38～44	12×8	12	0 / -0.043	±0.0215	-0.018 / -0.061	+0.043 / 0	+0.120 / +0.050	5.0	+0.2 / 0	3.3	+0.2 / 0	0.25	0.40
44～50	14×9	14	0 / -0.043	±0.0215	-0.018 / -0.061	+0.043 / 0	+0.120 / +0.050	5.5	+0.2 / 0	3.8	+0.2 / 0	0.25	0.40
50～58	16×10	16	0 / -0.043	±0.0215	-0.018 / -0.061	+0.043 / 0	+0.120 / +0.050	6.0	+0.2 / 0	4.3	+0.2 / 0	0.25	0.40
58～65	18×11	18	0 / -0.043	±0.0215	-0.018 / -0.061	+0.043 / 0	+0.120 / +0.050	7.0	+0.2 / 0	4.4	+0.2 / 0	0.25	0.40
65～75	20×12	20	0 / -0.052	±0.026	-0.022 / -0.074	+0.052 / 0	+0.149 / +0.065	7.5	+0.2 / 0	4.9	+0.2 / 0	0.40	0.60
75～85	22×14	22	0 / -0.052	±0.026	-0.022 / -0.074	+0.052 / 0	+0.149 / +0.065	9.0	+0.2 / 0	5.4	+0.2 / 0	0.40	0.60
85～95	25×14	25	0 / -0.052	±0.026	-0.022 / -0.074	+0.052 / 0	+0.149 / +0.065	9.0	+0.3 / 0	5.4	+0.3 / 0	0.40	0.60
95～110	28×16	28	0 / -0.052	±0.026	-0.022 / -0.074	+0.052 / 0	+0.149 / +0.065	10.0	+0.3 / 0	6.4	+0.3 / 0	0.40	0.60
110～130	32×18	32	0 / -0.062	±0.031	-0.026 / -0.088	+0.062 / 0	+0.180 / +0.080	11.0	+0.3 / 0	7.4	+0.3 / 0	0.70	1.00
130～150	36×20	36	0 / -0.062	±0.031	-0.026 / -0.088	+0.062 / 0	+0.180 / +0.080	12.0	+0.3 / 0	8.4	+0.3 / 0	0.70	1.00
150～170	40×22	40	0 / -0.062	±0.031	-0.026 / -0.088	+0.062 / 0	+0.180 / +0.080	13.0	+0.3 / 0	9.4	+0.3 / 0	0.70	1.00
170～200	45×25	45	0 / -0.062	±0.031	-0.026 / -0.088	+0.062 / 0	+0.180 / +0.080	15.0	+0.3 / 0	10.4	+0.3 / 0	0.70	1.00
200～230	50×28	50	0 / -0.074	±0.037	-0.032 / -0.106	+0.074 / 0	+0.220 / +0.100	17.0	+0.3 / 0	11.4	+0.3 / 0	1.20	1.60
230～260	56×32	56	0 / -0.074	±0.037	-0.032 / -0.106	+0.074 / 0	+0.220 / +0.100	20.0	+0.3 / 0	12.4	+0.3 / 0	1.20	1.60
260～290	63×32	63	0 / -0.074	±0.037	-0.032 / -0.106	+0.074 / 0	+0.220 / +0.100	20.0	+0.3 / 0	12.4	+0.3 / 0	1.20	1.60
290～330	70×36	70	0 / -0.074	±0.037	-0.032 / -0.106	+0.074 / 0	+0.220 / +0.100	22.0	+0.3 / 0	14.4	+0.3 / 0	1.20	1.60
330～380	80×40	80	0 / -0.074	±0.037	-0.032 / -0.106	+0.074 / 0	+0.220 / +0.100	25.0	+0.3 / 0	15.4	+0.3 / 0	1.20	1.60
380～440	90×45	90	0 / -0.087	±0.0435	-0.037 / -0.124	+0.087 / 0	+0.260 / +0.120	28.0	+0.3 / 0	17.4	+0.3 / 0	2.00	2.50
440～500	100×50	100	0 / -0.087	±0.0435	-0.037 / -0.124	+0.087 / 0	+0.260 / +0.120	31.0	+0.3 / 0	19.5	+0.3 / 0	2.00	2.50

注：1. 轴的直径 d 不在本标准所列，仅供参考。

2. （d−t1）和（d+t2）两组组合尺寸的极限偏差按相应的 t1 和 t2 的极限偏差选取，但（d−t1）的极限偏差应取负号。

附录 N　圆柱销　不淬硬钢和奥氏体不锈钢（GB/T 119.1—2000）
　　　　　圆柱销　淬硬钢和马氏体不锈钢（GB/T 119.2—2000）

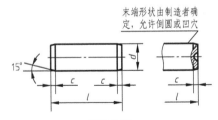

标记示例

公称直径 d=6mm，公差 m6，公称长度 l=30mm，材料为钢，不经淬火，不经表面处理的圆柱销，其标记为：

销　GB/T 119.1　6m6×30

公称直径 d=6mm，公称长度 l=30mm，材料为钢，普通淬火（A 型），表面氧化处理的圆柱销，其标记为：

销　GB/T 119.2　6×30

（单位：mm）

公称直径 d		3	4	5	6	8	10	12	16	20	25	30	40	50
$c \approx$		0.50	0.63	0.80	1.2	1.6	2.0	2.5	3.0	3.5	4.0	5.0	6.3	8.0
公称长度 l	GB/T 119.1	8～30	8～40	10～50	12～60	14～80	18～95	22～140	26～180	35～200	50～200	60～200	80～200	95～200
	GB/T 119.2	8～30	10～40	12～50	14～60	18～80	22～100	26～100	40～100	50～100	—	—	—	—
l 系列		8，10，12，14，16，18，20，22，24，26，28，30，32，35，40，45，50，55，60，65，70，75，80，85，90，95，100，120，140，160，180，200												

注：1. GB/T 119.1—2000 规定圆柱销的公称直径 d=0.6～50mm，公称长度 l=2～200mm，公差有 m6 和 h8。

　　2. GB/T 119.2—2000 规定圆柱销的公称直径 d=1～20mm，公称长度 l=3～100mm，公差仅有 m6。

　　3. 当圆柱销公差为 h8 时，其表面粗糙度值 $Ra \leqslant 1.6\mu m$。

附录 O　圆锥销（GB/T 117—2000）

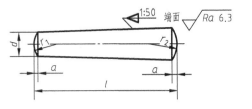

$$r_1 \approx d \qquad r_2 \approx d + \frac{a}{2} + \frac{(0.02l)^2}{8a}$$

标记示例

公称直径 d=10mm，公称长度 l=60mm，材料为 35 钢，热处理 28～38HRC，表面氧化处理的 A 型圆锥销，其标记为：

销　GB/T117　10×60

（单位：mm）

公称直径 d	4	5	6	8	10	12	16	20	25	30	40	50
$a \approx$	0.5	0.63	0.8	1	1.2	1.6	2	2.5	3	4	5	6.3
公称长度 l	14～55	18～60	22～90	22～120	26～160	32～180	40～200	45～200	50～200	55～200	60～200	65～200
l 系列	2,3,4,5,6,8,10,12,14,16,18,20,22,24,26,28,30,32,35,40,45,50,55,60,65,70,75,80,85,90,95,100,120,140,160,180,200											

注：1. 标准规定圆锥销的公称直径 d=0.6～500mm。

　　2. 圆锥销有 A 型和 B 型。A 型为磨削，锥面表面粗糙度值 Ra=0.8μm；B 型为切削或冷镦，锥面表面粗糙度值 Ra=3.2μm。

附录 P 优先配合中轴的极限偏差（摘自 GB/T 1800.2—2009）

（单位：μm）

公称尺寸/mm 大于	至	c 11	d 9	f 7	g 6	h 6	h 7	h 9	h 11	k 6	n 6	p 6	s 6	u 6
—	3	-60/-120	-20/-45	-6/-16	-2/-8	0/-6	0/-10	0/-25	0/-60	+6/0	+10/+4	+12/+6	+20/+14	+24/+18
3	6	-70/-120	-20/-45	-10/-22	-4/-22	0/-8	0/-12	0/-30	0/-75	+9/+1	+16/+8	+20/+12	+27/+19	+31/+23
6	10	-80/-170	-40/-76	-13/-28	-5/-14	0/-9	0/-15	0/-36	0/-90	+10/+1	+19/+10	+24/+15	+32/+23	+37/+28
10	14	-95/-205	-50/-93	-16/-34	-6/-17	0/-11	0/-18	0/-43	0/-110	+12/+1	+23/+12	+29/+18	+39/+28	+44/+33
14	18	-95/-205	-50/-93	-16/-34	-6/-17	0/-11	0/-18	0/-43	0/-110	+12/+1	+23/+12	+29/+18	+39/+28	+44/+33
18	24	-110/-240	-65/-117	-20/-41	-7/-20	0/-13	0/-21	0/-52	0/-130	+15/+2	+28/+15	+35/+22	+48/+35	+54/+41
24	30	-110/-240	-65/-117	-20/-41	-7/-20	0/-13	0/-21	0/-52	0/-130	+15/+2	+28/+15	+35/+22	+48/+35	+61/+48
30	40	-120/-280	-80/-142	-25/-50	-9/-25	0/-16	0/-25	0/-62	0/-160	+18/+2	+33/+17	+42/+26	+59/+43	+76/+60
40	50	-130/-290	-80/-142	-25/-50	-9/-25	0/-16	0/-25	0/-62	0/-160	+18/+2	+33/+17	+42/+26	+59/+43	+86/+70
50	65	-140/-330	-100/-174	-30/-60	-10/-29	0/-19	0/-30	0/-74	0/-190	+21/+2	+39/+20	+51/+32	+72/+53	+106/+87
65	80	-150/-340	-100/-174	-30/-60	-10/-29	0/-19	0/-30	0/-74	0/-190	+21/+2	+39/+20	+51/+32	+78/+59	+121/+102
80	100	-170/-390	-120/-207	-36/-71	-12/-34	0/-22	0/-35	0/-87	0/-220	+25/+3	+45/+23	+59/+37	+93/+71	+146/+124
100	120	-180/-400	-120/-207	-36/-71	-12/-34	0/-22	0/-35	0/-87	0/-220	+25/+3	+45/+23	+59/+37	+101/+79	+166/+144
120	140	-200/-450	-145/-245	-43/-83	-14/-39	0/-25	0/-40	0/-100	0/-250	+28/+3	+52/+27	+68/+43	+117/+92	+195/+170
140	160	-210/-460	-145/-245	-43/-83	-14/-39	0/-25	0/-40	0/-100	0/-250	+28/+3	+52/+27	+68/+43	+125/+100	+215/+190
160	180	-230/-480	-145/-245	-43/-83	-14/-39	0/-25	0/-40	0/-100	0/-250	+28/+3	+52/+27	+68/+43	+133/+108	+235/+210
180	200	-240/-530	-170/-285	-50/-96	-15/-44	0/-29	0/-46	0/-115	0/-290	+33/+4	+60/+31	+79/+50	+151/+122	+265/+236
200	225	-260/-550	-170/-285	-50/-96	-15/-44	0/-29	0/-46	0/-115	0/-290	+33/+4	+60/+31	+79/+50	+159/+130	+287/+258
225	250	-280/-570	-170/-285	-50/-96	-15/-44	0/-29	0/-46	0/-115	0/-290	+33/+4	+60/+31	+79/+50	+169/+140	+313/+284
250	280	-300/-620	-190/-320	-56/-108	-17/-49	0/-32	0/-52	0/-130	0/-320	+36/+4	+66/+34	+88/+56	+190/+158	+347/+315
280	315	-330/-650	-190/-320	-56/-108	-17/-49	0/-32	0/-52	0/-130	0/-320	+36/+4	+66/+34	+88/+56	+202/+170	+382/+350
315	355	-360/-720	-210/-350	-62/-119	-18/-54	0/-36	0/-57	0/-140	0/-360	+40/+4	+73/+37	+98/+62	+226/+190	+426/+390
355	400	-400/-760	-210/-350	-62/-119	-18/-54	0/-36	0/-57	0/-140	0/-360	+40/+4	+73/+37	+98/+62	+244/+208	+471/+435
400	450	-440/-840	-230/-385	-68/-131	-20/-60	0/-40	0/-63	0/-155	0/-400	+45/+5	+80/+40	+108/+68	+272/+232	+530/+490
450	500	-480/-880	-230/-385	-68/-131	-20/-60	0/-40	0/-63	0/-155	0/-400	+45/+5	+80/+40	+108/+68	+292/+252	+580/+540

附录 Q 优先配合中孔的极限偏差（摘自 GB/T 1800.2—2009）

（单位：μm）

公称尺寸/mm 大于	至	公差带 C 11	D 9	F 7	G 6	H 6	H 7	H 9	H 11	K 7	N 7	P 7	S 7	U 7
—	3	+120 / +60	+45 / +20	+20 / +6	+12 / +2	+10 / 0	+14 / 0	+25 / 0	+60 / 0	0 / -10	-4 / -14	-6 / -16	-14 / -24	-18 / -28
3	6	+145 / +70	+60 / +30	+28 / +10	+16 / +4	+12 / 0	+18 / 0	+30 / 0	+75 / 0	+3 / -9	-4 / -16	-8 / -20	-15 / -27	-19 / -31
6	10	+170 / +80	+76 / +40	+35 / +13	+20 / +5	+15 / 0	+22 / 0	+36 / 0	+90 / 0	+5 / -10	-4 / -19	-9 / -24	-17 / -32	-22 / -37
10	14	+205 / +95	+93 / +50	+43 / +16	+24 / +6	+18 / 0	+27 / 0	+43 / 0	+110 / 0	+6 / -12	-5 / -23	-11 / -29	-21 / -39	-26 / -44
14	18	+205 / +95	+93 / +50	+43 / +16	+24 / +6	+18 / 0	+27 / 0	+43 / 0	+110 / 0	+6 / -12	-5 / -23	-11 / -29	-21 / -39	-26 / -44
18	24	+240 / +110	+117 / +65	+53 / +20	+28 / +7	+21 / 0	+33 / 0	+52 / 0	+130 / 0	+6 / -15	-7 / -28	-14 / -35	-27 / -48	-33 / -54
24	30	+240 / +110	+117 / +65	+53 / +20	+28 / +7	+21 / 0	+33 / 0	+52 / 0	+130 / 0	+6 / -15	-7 / -28	-14 / -35	-27 / -48	-40 / -61
30	40	+280 / +120	+142 / +80	+64 / +25	+34 / +9	+25 / 0	+39 / 0	+62 / 0	+160 / 0	+7 / -18	-8 / -33	-17 / -42	-34 / -59	-51 / -76
40	50	+290 / +130	+142 / +80	+64 / +25	+34 / +9	+25 / 0	+39 / 0	+62 / 0	+160 / 0	+7 / -18	-8 / -33	-17 / -42	-34 / -59	-61 / -86
50	65	+330 / +140	+174 / +100	+76 / +30	+40 / +10	+30 / 0	+46 / 0	+74 / 0	+190 / 0	+9 / -21	-9 / -39	-21 / -51	-42 / -72	-76 / -106
65	80	+340 / +150	+174 / +100	+76 / +30	+40 / +10	+30 / 0	+46 / 0	+74 / 0	+190 / 0	+9 / -21	-9 / -39	-21 / -51	-48 / -78	-91 / -121
80	100	+390 / +170	+207 / +120	+90 / +36	+47 / +12	+35 / 0	+54 / 0	+87 / 0	+220 / 0	+10 / -25	-10 / -45	-24 / -59	-58 / -93	-111 / -146
100	120	+400 / +180	+207 / +120	+90 / +36	+47 / +12	+35 / 0	+54 / 0	+87 / 0	+220 / 0	+10 / -25	-10 / -45	-24 / -59	-66 / -101	-131 / -166
120	140	+450 / +200	+245 / +145	+106 / +43	+54 / +14	+40 / 0	+60 / 0	+100 / 0	+250 / 0	+12 / -28	-12 / -52	-28 / -68	-77 / -117	-155 / -195
140	160	+460 / +210	+245 / +145	+106 / +43	+54 / +14	+40 / 0	+60 / 0	+100 / 0	+250 / 0	+12 / -28	-12 / -52	-28 / -68	-85 / -125	-175 / -215
160	180	+480 / +230	+245 / +145	+106 / +43	+54 / +14	+40 / 0	+60 / 0	+100 / 0	+250 / 0	+12 / -28	-12 / -52	-28 / -68	-93 / -133	-195 / -235
180	200	+530 / +240	+285 / +170	+122 / +50	+61 / +15	+46 / 0	+72 / 0	+115 / 0	+290 / 0	+13 / -33	-14 / -60	-33 / -79	-105 / -151	-219 / -265
200	225	+550 / +260	+285 / +170	+122 / +50	+61 / +15	+46 / 0	+72 / 0	+115 / 0	+290 / 0	+13 / -33	-14 / -60	-33 / -79	-113 / -159	-241 / -287
225	250	+570 / +280	+285 / +170	+122 / +50	+61 / +15	+46 / 0	+72 / 0	+115 / 0	+290 / 0	+13 / -33	-14 / -60	-33 / -79	-123 / -169	-267 / -313
250	280	+620 / +300	+320 / +190	+137 / +56	+69 / +17	+52 / 0	+81 / 0	+130 / 0	+320 / 0	+16 / -36	-14 / -66	-36 / -88	-138 / -190	-295 / -347
280	315	+650 / +330	+320 / +190	+137 / +56	+69 / +17	+52 / 0	+81 / 0	+130 / 0	+320 / 0	+16 / -36	-14 / -66	-36 / -88	-150 / -202	-330 / -382
315	355	+720 / +360	+350 / +210	+151 / +62	+75 / +18	+57 / 0	+89 / 0	+140 / 0	+360 / 0	+17 / 0	-16 / -73	-41 / -98	-169 / -226	-369 / -426
355	400	+760 / +400	+350 / +210	+151 / +62	+75 / +18	+57 / 0	+89 / 0	+140 / 0	+360 / 0	+17 / 0	-16 / -73	-41 / -98	-187 / -244	-414 / -471
400	450	+840 / +440	+385 / +230	+165 / +68	+83 / +20	+63 / 0	+97 / 0	+155 / 0	+400 / 0	+18 / -45	-17 / -80	-45 / -108	-209 / -272	-467 / -530
450	500	+880 / +480	+385 / +230	+165 / +68	+83 / +20	+63 / 0	+97 / 0	+155 / 0	+400 / 0	+18 / -45	-17 / -80	-45 / -108	-229 / -292	-517 / -580

参 考 文 献

［1］ 年四甜 . AutoCAD 机械制图测绘项目实训［M］. 北京：冶金工业出版社，2015.

［2］ 麓山文化 . 中文版 AutoCAD 2016 从入门到精通［M］. 北京：机械工业出版社，2016.

［3］ 周生通，许玢，等 . AutoCAD 2016 中文版机械设计从入门到精通［M］. 北京：机械工业出版社，2015.

［4］ CAD/CAM/CAE 技术联盟 . AutoCAD 2016 中文版机械设计从入门到精通［M］. 北京：清华大学出版社，2017.

［5］ 苏采兵 . AutoCAD 2012 机械制图实例教程［M］. 北京：北京邮电大学出版社，2015.

［6］ 钱可强 . 机械制图［M］. 北京：高等教育出版社，2015.

［7］ 金大鹰 . 机械制图［M］. 北京：机械工业出版社，2010.

［8］ 华红芳 . 机械制图与零部件测绘［M］. 北京：电子工业出版社，2012.

［9］ 王魁德 . 机械制图新旧标准代换教程［M］. 北京：中国标准出版社，2004.

［10］ 高玉芬 . 机械制图测绘实训指导［M］. 大连：大连理工大学出版社，2009.

［11］ 何煜琛 . 三维 CAD 习题集［M］. 北京：清华大学出版社，2010.

［12］ 全国技术产品文件标准化技术委员会 . CAD 工程制图规则：GB/T 18229—2000［S］. 北京：中国标准出版社，2005.

［13］ 全国技术产品文件标准化技术委员会 . 机械工程 CAD 制图规则：GB/T 14665—2012［S］. 北京：中国标准出版社，2012.